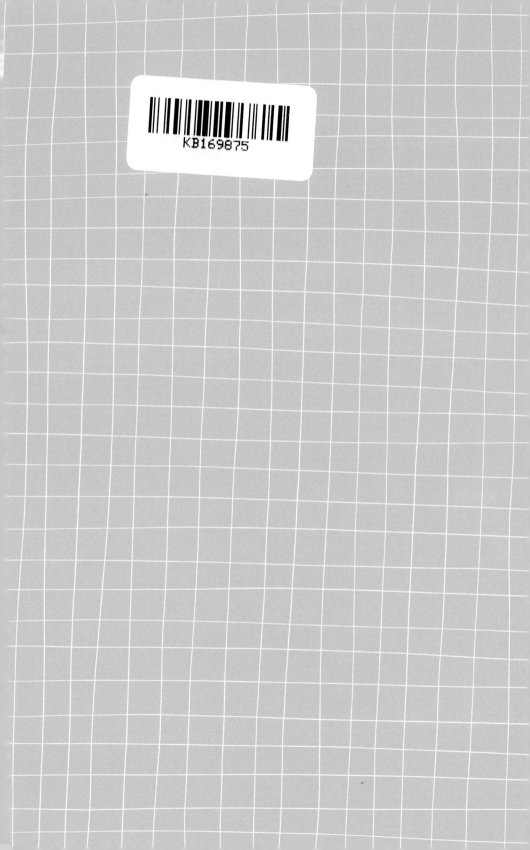

하루 5분

언어 자극 놀이 120

• 0~6세 아이의 언어·감각·운동·정서 발달을 이끄는 •

하루 5분

언어자극놀이 120

장재진 지음 · 임소희 그림

카시오페아
Cassiopeia

아이와 부모를 바꾸는
언어 자극 놀이의 비밀

모든 아이들은 태어나기만 하면 아무 문제없이 잘 자랄 것이라고, 방긋방긋 잘 웃는 아이로 커갈 것이라고, 아이와 함께 책도 읽고 잠자리 대화도 무리 없이 할 것이라고 생각했던 때가 있었습니다. 이런 생각은 아이가 세상에 태어난 지 1년도 지나지 않아 이내 바뀌었습니다. '아이의 성장이 내 마음대로 되지 않을 수도 있구나. 아니, 생각하지도 못한 현실에 부딪힐 수도 있구나!'

소아과에 가면, 그곳에서 비슷한 또래의 아이들을 보곤 했습니다. 일면식도 없던 다른 엄마에게 "아이가 몇 개월이에요?"라고 묻는 말이 인사가 되던 시기였습니다. 그 무렵 저는 제 옆에 앉은 아이가 몇 개월인지, 지금 혼자 앉을 수 있는지, 이유식은 시작했는지 등이 속속

들이 궁금했습니다. 심지어 다른 집 아이의 키나 몸무게 수치 하나에
도 예민했던 시기였지요. 그때는 우리 아이보다 두세 달은 늦게 태어
난 듯한 아이가 이미 혼자 앉기 시작한 것을 보고 왜 우리 아이는 이
렇게 성장 발달이 느린지를 다시 한번 살피곤 했습니다.

지금 돌이켜봐도 큰아이는 태어나서부터 목 가누기, 배밀이, 앉기
등 다른 아이들에 비해 모든 발달이 느렸습니다. 이 아이의 발달은
왜 이리도 늦는 것인지, 아무리 온갖 육아서와 아이 발달에 대한 자
료를 찾아 읽어도 뚜렷한 이유를 알 수 없었습니다. 아이를 키운다는
것이 즐겁고 행복하기만 한 일은 아니라는 현실, 그만큼 힘들고 많은
고민이 필요하다는 사실을 조금씩 알아갈 무렵, 제게 일어날 것이라
고는 생각조차 못 한 일이 들이닥쳤습니다.

≫ 아이의 귀가 잘 들리지 않는다는
청천벽력 같은 진단

10개월 된 아이를 품에 안고 혹시나 하고 찾았던 대학병원에서 여
러 가지 검사 끝에 청천벽력 같은 소리를 들었습니다. 아이는 '옆에
서 비행기가 떠도 들을 수 없다'는 진단을 받았지요. 제가 아무리 다
정한 목소리로 이름을 부르고 자장가를 불러주고 짝짜꿍을 하며 손
뼉을 쳐도 아이가 그 소리를 들을 수 없다는 의사 선생님의 말씀은

제게 너무나 큰 절망을 안겨줬습니다. 그 이야기를 들었던 날의 진료실 모습은 이제 가물거리지만, 그 말을 전하던 의사 선생님의 낮은 목소리는 지금도 선명하게 기억에 남아 있을 정도이지요.

아무것도 모르는 초보 엄마였지만 들을 수 없다면 언어가 발달할 수 없을 것이고, 그러면 아이가 공부도, 사회생활도 제대로 하기 힘들 것이라는 사실이 불 보듯 빤했습니다. 수어를 써야 할 수도 있겠다는 생각을 할 즈음, 방법이 아예 없지 않다는 사실을 알게 되었습니다. 인공와우 수술을 위해 갓 돌이 지난 아이가 전신 마취를 하고 수술대에 누워야 하는 현실을 생각하니 절망스러웠지만, 방법이 있다는 것에 감사했습니다.

하지만 순간의 안도도 잠시, 저는 두 번째 절망에 빠지고 말았습니다. 수술을 앞두고 귀를 찍은 MRI 결과를 살펴보던 의사 선생님은 아이의 청신경이 다른 사람보다 훨씬 가늘어서 소리 전달을 얼마나 할 수 있을지, 수술한다고 해도 정확한 소리가 전달될 수 있을지 알 수 없다고 했습니다.

"아이가 인공와우 수술을 하게 되더라도 제대로 들을 수 있는 확률은 50%도 되지 않습니다."

하지만 확률의 높고 낮음을 떠나 아이가 들을 수 있는 방법은 오직 수술뿐이었습니다. 이후 수술을 진행했고, 저는 기적을 꿈꾸었습니다. 하지만 수술 후 의사 선생님이 예측했던 상황과 아이의 발달 상황은 크게 다르지 않았습니다. "○○이 엄마, 우리 □□이는 이제 말하기 시작했어. ○○이는 어때?" "아, 그냥 그래요. 와, 좋겠다… 언니." 비슷한 시기에 인공와우 수술을 받았던 아이들에 비해 제 아이의 발달은 여전히 너무도 느렸고, 듣기도 잘 안되었으며, 언어도 잘 터지지 않았습니다.

"어머니, 아이가 말만 늦는 것이 아니라 다른 발달들도 늦고 놀이 수준도 낮은 것 같아서요. 언어치료 말고 다른 치료도 병행해보는 것은 어떨까요?"

아이를 돌 즈음부터 봐온 언어치료 선생님의 말씀은 제게 또 다른 걱정거리를 안겨줬습니다. 그렇다고 해서 아이를 그냥 두고만 볼 수 없었던 저는 이런저런 자료를 찾으며 공부를 시작했습니다. 무엇보다 아이가 어떤 과정으로 성장하고 발달해나가는지를 우선 알아야 했습니다. 많은 발달 관련 도서와 정보들을 통해 아이들은 단계를 밟아가며 성장해나간다는 사실을 배웠습니다. 보편적인 발달 과정과 내 아이를 비교해보니 내 아이의 발달이 정말 늦다는 점을 깨달았지요. 그 사실을 알게 되자 앞으로 무엇을 해야 할지 더욱 분명해지는 느낌이었습니다.

>> 초보 엄마, 언어치료사가 되다

어린아이를 데리고 공부를 시키듯이 무언가를 가르칠 수는 없었습니다. 아이의 언어와 발달을 모두 이끌어내기 위해서는 '아이와 함께 잘 놀아야' 하는데, 초보 엄마인 저로서는 어렵고 막막하기만 했습니다. 그때까지 아이를 키워본 적도, 주변에서 아이를 키우는 사람을 본 적도 없었으니 놀아주는 것뿐만 아니라 놀아주면서 적절하게 언어를 자극하며 아이의 발달을 이끌어주는 일은 너무 어려웠습니다. 제 아이가 느리고 더뎌서 더욱 힘들었습니다.

그러던 중 언어치료를 공부하게 되었지요. 그 뒤로는 언어치료 이론과 발달 단계에 맞는 놀이를 일상에 접목해가며 아이와 시간이 날 때마다 놀았습니다. 아이에게 놀이는 생활이자 학습이었고, 살아가면서 배워야 하는 여러 가지를 알게 하는 수단이기도 했습니다. 이전에는 말을 가르치려고만 했지, 언어 자극을 주는 놀이를 통해 아이의 발달을 촉진시켜야겠다는 생각을 하지 못했습니다.

언어 자극 놀이를 할 때 가장 중요한 점은 아이가 즐거워야 한다는 것이었습니다. 그리고 그만큼 또 중요한 점은 부모인 제가 즐거워야 한다는 것이었습니다. '아이에게 필요하니까, 아이가 이것을 해야 하니까, 이 말을 배워야 하니까, 아이에게 도움이 되니까 재미가 없어도 어려워도 해야만 해'가 아니라 아이와 부모 모두에게 이로우면서 재미도 있고, 아이의 수준에 맞는 적절한 언어 자극 놀이가 필요했습니다. 활동이 재미있어도 언어 자극을 적절히 주지 않으면 아이는 놀기만 하는 느낌이었고, 지금 가르쳐야 할 것 같은 말만 늘어놓으면서 이끌면 아이가 흥미를 느끼지 못했기 때문이었습니다.

그렇게 내 아이를 잘 키우기 위해 배웠던 언어치료를 더 전문적으로 공부하면서 저는 자연스럽게 언어치료사의 길을 걷게 되었습니다. 지금은 대학에서 미래의 언어치료사들을 가르치고, 언어치료실에서 언어와 발달이 느린 수많은 아이들을 지도하고 있습니다. 20여 년 전의 저와 똑같은 상황이거나 조금 다른 상황의 부모님들을 만나며 제가 계속 강조하는 것은 바로 언어 자극 놀이의 중요성입니다.

>> 아이를 기적적으로 변화시키는 부모의 말과 행동

제 환자 중에는 보청기를 끼고 언어치료를 왔던, 두 돌을 막 앞둔 A가 있었습니다. A는 청력이 좋지 않아 귀보다 더 큰 보청기를 꼈는데, 말도 거의 하지 못했고 옹알이도 아직은 부족해서 자칫 말이 늦을 수도 있다고 예상되는 아이였습니다. 그런데 A의 엄마와 아빠는 아이의 놀이 시도에 열성적으로 반응해주면서 놀이를 이끌어주는 적극적인 성향의 부모였습니다. 보통 언어치료사인 제 앞에서는 위축되기 마련인데, 이 부모님은 달랐습니다. 아이의 반응에 늘 관심이 많았고, '아이가 이건 어려워할 것이다'라는 편견도 없었지요. '아이가 잘하지 못할 것'이라는 생각도 없었습니다. 과일 놀이를 하는 과정에서도 "○○아, 칼 필요해? 과일 자르고 싶구나. 싹둑싹둑 잘라보자", "아빠는 사과 좋아하지? ○○이는 딸기 좋아하지? 와, 맛있겠다!" 하며, 수업 상황이었지만 엄마 아빠가 정말 아이와 제대로 노는 것이 느껴졌습니다. 아이의 손가락 방향과 시선의 움직임을 따라가며 말을 잘 못하는 아이에게 아이가 원하는 것이 무엇인지 이야기해줬습니다. 아이가 하는 활동을 하나하나 말로 전부 설명해줬습니다. 그런데 그 반응이 억지스럽다거나 아이에게 어려워 보인다는 느낌이 아니었습니다. 아이와 함께 많이 놀아본 부모에게서 나오는 자연스러움이 그득했습니다.

저는 A의 부모님에게 지금처럼 하는 것만으로도 충분하다고 격려하고, 도움이 될 만한 약간의 보충적인 가이드만 제공했습니다. 이 가족이 가장 훌륭했던 점은 2가지였습니다. 놀이를 통해 아이와 적절한 소통을 시도했다는 점, 그리고 부모님은 물론이고 조부모님들까지 아이를 위한 언어 자극에 모두 적극적이었다는 점입니다. A의 언어적 성장은 놀랍게 이뤄져서 1년 정도 후에는 또래 중에서도 상위 수준이 되었습니다. 많이 성장한 지금도 여전히 또래들에 결코 뒤지지 않는 언어 수준과 놀이 수준을 보여주고 있고요.

≫ 부모가 바뀌면 아이는 달라질 수 있다

5살에 만난 B는 그 나이에도 수시로 장난감을 갈아치우는 아이였습니다. 다른 문제나 장애가 있지는 않았는데, 한 장난감에 잘 집중하지 못했고 언어 소통 능력도 다소 떨어지는 편이었습니다. 그래서 B의 엄마는 혹시 ADHD(주의력결핍 과잉행동장애)는 아닌지, 인지 능력이 떨어지는 것은 아닌지 의심하며 아이를 데리고 언어치료실을 왔습니다. 그런데 아이를 관찰해보니 특별한 점이 눈에 띄었습니다. 유난히 엄마가 권한 장난감은 집중 시간이 짧았던 것입니다. 아이가 장난감을 지겨워하거나 눈을 돌리는 기색을 보이면 엄마는 아이에게 "다른 걸로 바꿔줘?" 또는 "어떤 걸 꺼내줄까?" 같은 질문을 던지는 대신, 말없이 눈치껏 바로바로 장난감을 교체해주는 모습을 보였습니다. B의 엄마는 아이가 원하는 시늉을 하기도 전에 약간의 기색만 보여도 곧장 반응하고 있었습니다. 그러다 보니 아이가 도움을 요청하거나 무엇을 꺼내달라고 이야기할 겨를조차 없었지요.

저는 B의 부모님에게 아이에게 장난감을 고를 시간을 주고 아이가 원하는 것이 무엇인지 잘 살펴본 뒤에 따라가라고 이야기했습니다. 부모님은 막막해했지만 변하기 위해 노력했습니다. 아이와의 놀이와 소통을 위해 바로 반응하기를 멈추고 기다려주기 시작했습니다. 이후 B는 장난감 하나를 가지고 노는 시간이 조금씩 늘어났습니다. 그뿐만 아니라 뭔가 도움이 필요하거나 다른 장난감을 가지고 놀고 싶으면 엄마 아빠를 바라보고 원하는 것을 가리키며 소통을 시도하는 모습을 보였습니다.

≫ 부모가 자신 있게 할 수 있는 놀이가 가장 좋은 언어 자극 놀이다

제가 아이들과 함께하는 언어치료 수업에는 대개 부모님들도 같이 참여합니다. 100마디의 상담보다는 눈앞에서 아이가 놀이하는 모습을 마주하면서 언어치료사가 어떻게 언어 자극을 주는지 직접 보는 편이 훨씬 더 효과적이기 때문입니다. 더 나아가 언어치료사인 제 입장에서는 엄마 아빠와 아이가 상호 작용하는 모습도 볼 수 있으니 아이와 부모의 관계를 파악하기에도 아주 좋습니다. 그러다 보니 요즘 저는 아이를 직접 가르치는 '선생님'의 역할보다는 부모가 아이를 잘 이끌어갈 수 있도록 돕는 '가이드'의 역할이 더 중요하다는 생각을 점점 더 많이 하곤 합니다. 어떻게 하면 부모님들이 아이와의 적절한 놀이를 통해 아이의 언어능력을 키워줄 수 있는지를 알려주는 것만으로도 충분하다고 봅니다.

치료실에서나 강의실에서 많은 부모님들을 만나오면서 요즘 들어 더욱 자주 드는 생각이 있습니다. '부모님들이 아이와 노는 방법을 잘 모르시는구나. 그리고 어떤 말을 상황에 맞게 어떻게 해야 하는지를 잘 모르시는구나.' 제가 부모님들로부터 가장 많이 받는 질문은 바로 이런 것들입니다. "어떤 장난감을 사야 하나요?", "이 장난감은 아이 발달에 좋은가요?", "장난감을 얼마나 자주 사줘야 하나요?", "몇 번 놀아주다 보면 하기 싫어하고 지겨워하는데, 그때마다 다른 장난감을 또 사줘야 하나요?" 주로 장난감과 관련된 질문이지요. 어떤 부모님은 장난감이 달라져야 놀이도, 언어 자극도 달라질 것이라고 믿기도 합니다. 하지만 가장 좋은 언어 자극 놀이는 좋은 장난감이 있어야만 가능한 것이 아닙니다. 아이가 원하는 놀이, 부모가 가장 자신 있게 할 수 있는 놀이가 내 아이에게 가장 좋은 언어 자극 놀이입니다.

부모와 제대로 놀이를 해본 경험도 없고, 놀이 상황에서 언어 자극을 적극적으로 받아본 경험이 적은 아이들은 언어도 늦는 경우가 많습니다. 심지어 언어가 늦는 아이일수록 엄마 아빠가 아이와 노는 상황에서 상호 작용을 하는 것이 아니라 아이에게 어휘를 주입시키기 위해서 단어 카드와 같은 방법을 과도하게 시도하는 경우를 많이 봅니다. 때로는 아이와 노는 것이 부담스럽다고 이야기하는 부모님들도 있습니다. 아이의 행동이 잘 이해되지 않고, 아이와 자신이 상호 소통을 자연스럽게 잘하며 놀고 있는지 걱정이라고 이야기하는 부모님들도 있고요.

>> 120가지 언어 자극 놀이를 한 권에 담다

　이번 책을 준비하면서 발달 과정에 맞춰 이뤄지는 적절한 언어 자극이 얼마나 중요한지에 대해 다시 한번 생각하게 되었습니다. 언어 자극 놀이는 말문을 터지게 하는 '말놀이'라는 측면에서만 중요하지 않습니다. 언어, 감각, 운동, 정서의 발달과 성장을 자극하는 '촉진제'라는 측면에서 언어 자극 놀이는 매우 중요합니다. 그런데 아이의 발달을 촉진하기 위한 언어 자극 놀이를 제대로 하기 위해서는 놀이 안에서 어떻게 언어 자극이 이뤄져야 하는지를 이해하고, 그 구체적인 방법을 아는 것이 매우 중요합니다. 아이의 발달을 촉진시키는 놀이는 아이의 발달 과정과 아이의 현재 수준을 이해해야 선택할 수 있기 때문입니다.

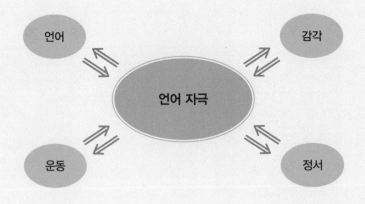

• 언어 자극 놀이와 발달의 관계 •

여기에 더해 전작 『하루 5분, 엄마의 언어 자극』을 본 많은 독자님들이 보다 구체적인 실천법과 노하우를 알려달라는 요청을 많이 보내왔습니다. 그러한 부모님들의 마음을 모아 아이의 발달 단계별 언어 자극 놀이법 120가지를 뽑아서 정리하여 한 권으로 엮은 것이 이 책입니다. 책에 실린 놀이들은 제가 과거에 언어가 늦었던 큰아이와 함께했던 방법이기도 하고, 지금도 언어치료실에서 아이들에게 실제로 활용 중인 방법이기도 합니다. 이 책에 담긴 놀이들은 일상생활에서 바로 적용이 가능합니다. 또한 집에 있는 장난감이나 도구들을 이용해 할 수 있어 쉽고 편리합니다. 그뿐만 아니라 해당 놀이 활동을 통해서 어떤 언어 자극을 줄 수 있는지 부모님들이 직접 아이디어를 얻을 수 있도록 대화체의 문장을 활용해 만들었습니다.

>> 세상에서 부모만큼 내 아이를 잘 아는 사람은 없다

우리 아이 맞춤형 놀이를 가장 잘할 수 있는 사람은 바로 부모입니다. 부모만큼 내 아이를 잘 아는 사람은 없습니다. 누구보다도 아이와 가장 가까이 있는 사람, 아이가 원하는 순간에 바로 소통할 수 있는 사람, 그리고 아이가 가장 믿고 좋아하는 사람이 바로 부모이기 때문입니다. 약간의 관심만 있다면, 아니 본능적으로 아이의 관심사가 무엇인지 가장 잘 아는 사람도 부모입니다. 아이가 어떤 것을 가장 잘 가지고 노는지 부모만큼 잘 아는 사람은 없습니다. 그래서 이 책을 쓸 때 가장 중점에 둔 것은 부모님들이 직접 아이와 놀면서 어떻게 해야 언어 자극을 줄 수 있는지를 쉽게 이해하고 접근하도록 구성하는 것이었습니다. 그러기 위해 부모의 관점에서 '어떤 언어 자극을 주면 되는지'를 중심으로 책을 집필했습니다. 또한 이 책을 읽는 부모님들이 그냥 '놀이'가 아니라 '아이의 발달을 이끌어낼 수 있는 놀이'를 '충분한 언어 자극과 함께' '이렇게 하면 제대로 잘할 수 있다'는 자신감을 가질 수 있도록 구체적 방법을 제시하는 데 공을 들였습니다.

어떤 부모도 처음부터 완벽하지는 않습니다. 어쩌면 완벽한 부모란 평생을 다해도 도달하기 힘든 목표인지도 모릅니다. 하지만 내 아이를 위해서 가장 고민하는 사람이 부모라는 점만큼은 의심의 여지가 없습니다.

부모가 변하면 아이도 변합니다. 눈을 맞추고, 좋아하는 놀이를 같이하며, 적절한 언어 자극을 주는데 달라지지 않는 아이는 없습니다. 아이가 변하면 다시 또 부모가 변합니다. 아이가 달라지고 긍정적인 모습을 보이는데 변하지 않을 부모는 없을 것입니다.

지금까지 언어치료 현장에 만난 부모님들과 아이들이 저를 어떤 모습으로 기억하고 있을지 항상 궁금합니다. 늘 책을 펴낼 때마다 제 아이들, 그리고 그동안 제가 만났던 아이들의 얼굴이 수없이 스쳐 지나갑니다. 부끄럽지 않은 엄마로, 그리고 믿을 수 있는 언어치료사로 또 한 권의 책을 통해서 많은 사람들과 만날 준비를 하고 있습니다. 이 책에 실린 120가지의 언어 자극 놀이법이 아이의 언어와 감각, 운동과 정서 발달에 대한 고민을 가진 모든 부모님들에게 조금이나마 도움이 된다면 참 좋겠습니다.

2022년 11월

장재진

7~12개월 세상에 대한 호기심이 생겨요

13~18개월 **여러 가지 도전을 시작해요**

19~24개월 신체와 언어가 쑥쑥 자라나요

25~36개월 자립심과 성취감이 쑥쑥 자라요

60개월 이후 **배려와 협상이 가능해요**

1장

언어 자극 놀이의 힘

'언어 자극 놀이'란 무엇인가?

"어떻게 놀아줘야 하는 건가요? 제가 워낙 말수가 적어서 아이랑 어떻게 말을 하면서 놀아줘야 할지 모르겠어요."

"가베가 아이들 인지 능력에 좋다고 해서 샀는데, 어떻게 놀아줘야 하는 건지 모르겠어요."

"새로 사온 장난감은 금방 싫증 내고 자기가 좋아하는 것만 가지고 놀려 해서 맨날 버스 장난감만 가지고 놀아요. 이럴 때는 어떻게 놀아줘야 하는 건가요?"

한 설문 조사에서 어른들에게 놀이가 무엇이라고 생각하는지 물어봤습니다. 그런데 많은 부모들이 "놀이는 아이가 재미있고 즐겁게 무언가를 배우고 얻을 수 있는 자연스러운 교육"이라고 대답했습니다. 놀이를 통해서 무엇을 키워주고 싶냐는 질문에는 "사회성을 키워주고 싶다", "아이들의 발달을 도와주고 싶다", "학습에 도움이 되는 기반을 닦아주고 싶다"라고 말했습니다. 그런데 과연 놀이가 학습적이고 교육적이어야만 할까요?

놀이를 뜻하는 영단어인 'play'는 '갈증'이라는 의미의 라틴어 'plaga'에서 유래했다고 합니다. 즉, 놀이는 목이 말라서 물을 마시듯 자연스럽게 원하는 행동이라는 뜻입니다. 그렇다면 놀이란 자발적으로 이뤄진 즐겁고 재미있는 행위를 가리키는 것일 테지요.

>> 놀이의 놀라운 효능

아이가 공이 있는 쪽으로 기어갑니다. 공 앞에서 멈칫하며 엄마 아빠를 쳐다봅니다. 그리고 엄마 아빠의 손을 공으로 잡아끕니다. 아이의 이런 행동은 같이 놀자는 뜻입니다. 부모는 그런 행동을 잘 포착해서 의도를 읽어주면 됩니다. "아, 이거 공이야. 공놀이하고 싶어? 우리 같이할까?"

자, 이번에는 아이가 클레이 놀이를 시작했습니다. 클레이 뚜껑을 열고 싶은데 잘 안 되는지 엄마를 바라봅니다. "엄마가 도와줘? 아, 뚜껑 열어줄까?" 뚜껑을 열어 건네준 후 아이가 통에서 클레이를 꺼내면 잘했다며 웃어줍니다. 클레이를 꾹꾹 누르면 "빨간색 눌렀네"와 같이 지금 아이가 한 행동에 대해서 설명해줍니다.

아이들의 놀이는 아이들 스스로 즐길 수 있을 때 의미가 있습니다. 영유아기의 가장 효과적인 학습은 '놀면서 배우고, 배우면서 노는 것'입니다. 놀이는 아이들의 발달에 여러 측면에서 영향을 주는데, 이는 자연스러운 과정으로 인지 발달, 정서 발달, 사회성 발달, 신체 발달, 그리고 언어 발달을 이끌어냅니다.

우선 놀이는 인지적 측면에서는 논리력, 문제 해결력, 사고력, 창의력을 키워줍니다. 또한 아이들로 하여금 만족감, 성취감, 안정감을 느끼게 하여 정서 발달을 돕습니다. 상호 작용을 통해 규칙을 배우고, 양보하며 문제를 해결하고, 공감 능력을 키울 수 있어서 사회성 발달

● 놀이가 아이의 발달에 미치는 영향 ●

놀이

인지 발달	정서 발달	사회성 발달	신체 발달	언어 발달
논리력	만족감	규칙 배우기	대근육	의사소통 능력
문제 해결력	성취감	양보하기	소근육	이해력
사고력	안정감	공감 능력	신체 활동	표현력
창의력				어휘력

에도 도움이 됩니다. 놀이를 통한 신체 활동은 아이들의 성장도 촉진하여 대근육뿐만 아니라 소근육 발달에도 도움이 됩니다. 이외에도 놀이를 함으로써 의사소통 능력, 이해력, 표현력이 향상되고 다양한 어휘를 습득할 수 있어서 어휘력의 향상도 이뤄집니다. 다음의 예로 든 숨바꼭질을 살펴보면, 하나의 놀이 상황에서 어떻게 다양한 발달의 촉진이 가능한지를 알 수 있습니다.

처음에 우리는 누가 술래를 할지 가위바위보로 정하기로 했습니다. 그리고 1분 동안 찾고 다 찾지 못하면 술래가 진 것으로 하기로 했습니다.(→ 언어) 숨바꼭질을 시작한 아이는 '어떻게 하면 술래에게 들키지 않을까, 어디에 숨는 것이 좋을까'를 생각하면서 숨을 장소를 떠올릴 것입니다.(→ 인지) 아이가 잘 숨어서 술래가 찾지 못한다면 성취감을 느낄 것입니다. 그리고 다들 '네가 진짜 잘 숨었다'며, '어떻게 그런 생각을 했냐'고 칭찬할 것입니다.(→ 정서) 잘 숨으려면 의자 아래나 문 뒤에 몸을 잘 감춰야 하는데, 때로는 무릎을 구부리거나 몸을 웅크려야 합니다.(→ 신체)

이렇게 놀이는 아이의 발달을 촉진시킵니다. 특히 언어 자극 놀이는 부모와 아이가 함께하는 놀이에서 출발하여 놀이를 통해서 아이의 언어를 발달시키고, 언어 발달을 통해서 다시 놀이의 수준과 상호작용의 질을 높일 수 있습니다. 단순히 노는 것에서 그치지 않고 언어 발달을 이끌어낼 수 있는 부모의 언어 자극, 그리고 그에 맞는 적절한 놀이가 함께 이뤄져야 진정한 의미의 언어 자극 놀이가 될 수 있습니다.

≫ 언어 자극 놀이를 할 때 꼭 기억해야 할 3가지

언어 자극 놀이에서 가장 필요한 것은 아이에 대한 관심입니다. 아이가 진정으로 원하는 바가 무엇인지 귀를 기울이는 것에서부터 시작해야 합니다. 아이가 원하는 놀이에 동참하되, 아이의 놀이 방식을 존중하면서 이를 바탕으로 충분한 언어 자극이 이뤄져야 합니다.

아이와 놀이하는 과정에서 단순히 놀아주기만 해서는 충분하지 않습니다. 아이의 언어 수준과 언어능력에 맞춰 적절하게 모델링과 모방을 하기도 하고, 놀이를 따라가면서 아이의 관심사나 마음을 읽어줘야 합니다. 언어 자극 놀이에서 가장 중요한 것 중 하나는 아이가 생각하는 바를 읽어내고 공감해주고 그 놀이에 참여하는 것이기 때문입니다.

이를 위해서는 다음의 3가지 사항을 꼭 기억해야 합니다. 첫째, 아이가 진짜 원하는 것이 무엇인지부터 파악해야 합니다. 엄마 아빠가 자신이 하고자 하는 놀이를 강요하는 것이 아니라 아이가 좋아하는 놀이를 함께 이끌어가면서 그에 맞는 언어 자극을 더불어 줘야 합니다. 예를 들면 병원 놀이를 할 수 있게 준비해주고 "○○이는 여기에서 의사해"라고 이야기하기보다 아이가 놀이를 함께 만들어갈 수 있도록 "우리 병원 놀이할까?"라며 놀이를 제안합니다. 그다음에 의사 역할과 환자 역할을 각각 누가 할지 정해보는 형태가 좋습니다.

둘째, 놀이를 통해서 아이가 자신의 생각이 존중받는다고 느낄 수 있어야 합니다. 놀이를 지지해주고 표현을 칭찬해주는 것입니다. 가령 아이가 클레이로 무언가를 만들고 있다면 "지금 ○○이가 강아지를 만들고 있구나. 너무 잘 만들었네!", 아이가 요리를 하고 있다면 "아, 맛있는 짜장면을 만들고 있구나. 냄새 좋다"와 같이 엄마 아빠가 아이의 활동을 칭찬해주는 것입니다.

셋째, 아이와 함께 노는 사람의 태도와 언어 자극이 중요하다는 점을 잊지 말아야 합니다. 아이가 장난감을 금방 싫증 내고 지겨워한다고 해서 이후에 새로운 장난감을 계속 사주기보다는 해당 장난감을 활용해 다른 놀이로 연결하면서 새롭게 언어 자극을 줘야 합니다. 예를 들면 기차 장난감을 갖고 놀다가 이내 흥미를 잃고 손에서 내려놓은 아이에게 "자, 기차가 지나가는 길을 같이 만들어볼까?", "기차를 더 길게 만들어보자", "기차가 올라갈 수 있는 오르막길도 이어보자"와 같이 말을 건네며 다른 기차 놀이 활동으로 연결하고 확대해서 놀아주는 것입니다. 이와 같은 방식으로 놀이를 하다 보면 언어 자극도 적절하게 이뤄질 수 있습니다.

이렇듯 언어 자극 놀이는 아이가 좋아하는 장난감과 좋아하는 놀이를 바탕으로 아이의 현재 발달 수준에서 다음 발달 수준을 이끌어낼 수 있는 적절한 말 걸기, 즉 언어 자극을 통해 이뤄지는 활동입니다. 효과적인 언어 자극 놀이를 위해서는 부모가 내 아이의 발달 수준을 잘 알고 있어야 합니다. 또한 어떻게 해야 다음 단계의 발달을 이끌어낼 수 있는지도 잘 알아야 합니다.

언어 자극 놀이를 하기 전 부모가 꼭 알아야 할 것들

우리는 심심치 않게 방송에서 영어나 알파벳, 숫자 등을 읽어내는 어린 영재들을 보곤 합니다. 그 아이들을 보면서 부러워하지 않는 부모는 없을 테지요. 30개월도 안 된 아이가 한글을 읽고 숫자를 쓰는 모습을 보면, 또는 글을 일찍 깨친 3, 4살 아이가 몇 시간씩 집중해서 책을 읽는 모습을 보면, 그리고 그렇게 읽은 책의 내용을 척척 말하는 모습을 보면 대단하다는 생각이 절로 듭니다.

그런데 이런 아이들이 의외의 모습을 보일 때가 있습니다. 장난감 대신 책과 교구를 통한 활동에만 노출되어 있는 경우, 놀이 활동에서는 오히려 또래들보다 낮은 수준을 보이는 경우도 많습니다. 가령 친구들과 어울려 놀지 못하거나 협동 활동에 제대로 참여하지 못하기도 합니다. 부모님들은 대개 자녀가 컴퓨터 게임이나 유튜브 시청을 1시간만 해도 걱정합니다. 반면 아이가 책을 4, 5시간 읽어대면 걱정하기는커녕 흐뭇해하는 경우가 대부분일 것입니다. 여기에서 간과되는 지점이 있습니다. 아이가 이런 학습에 집중하는 동안 부모나 다른 사람들과의 상호 작용이 제대로 이뤄지지 못할 수도 있습니다. 그 결과 아이의 성장에 불균형이 생깁니다.

그렇다면 놀이를 할 때 가장 필요한 것은 무엇일까요? 그것은 아이의 시선을 끌 수 있는 멋진 장난감도, 아이가 마음껏 뛰어놀 수 있는 특별한 장소도 아닙니다. 바로 놀이를 함께할 수 있는 사람입니다. '무엇을 가지고 어디에서 노느냐'보다 '누구와 어떻게 노느냐'가 더 중요하기 때문입니다. 많은 부모님들이 오해하는 부분이 있습니다. '동물원이나 놀이동산을 데리고 갔으니 충분히 잘 놀아준 거겠지', '좋은 장난감을 사줬으니 이제 알아서 잘 놀겠지' 하는 생각들입니다. 놀이 장소에 데리고 가고, 장난감을 사주는 것은 단지 아이의 옆에만 있어주는 것에 불과합니다. 그보다는 '아이와 제대로 놀아주는 것'이 중요하다는 사실을 기억해야 합니다.

아이에게 놀이 상대가 없다면 놀이를 통해서 얻을 수 있는 여러 가지 효과를 기대하기 어렵습니다. 아이에게 놀이 상대는 의사소통을 하고, 감정을 나누고, 타협과 양보를 배울 수 있는 소중한 존재입니다. 함께 논다는 것은 실제 놀이 과정에서 주고받기, 즉 상호 작용이 이뤄져야 한다는 말과 같습니다.

>> 언어 자극 놀이를 할 때 고려해야 하는 사항들

아이의 놀이는 제일 먼저 가족 안에서 시작합니다. 가정은 아이가 생활하는 공간이자 가장 안전하게 놀 수 있는 환경이기 때문에 가정에서 아이는 놀이에 집중할 수 있습니다. 가정 안에서 마음껏 놀아본 아이야말로 이후 유치원이나 학교에서 또래 친구들과 건강한 상호 작용이 가능합니다. 부모와의 놀이를 통해서 언어와 상호 작용을 배운 아이가 더 많은 사람들과 상호 작용을 할 수 있습니다.

놀이를 할 때는 아이의 연령이나 언어적 특성, 발달 단계 등을 고려해야 합니다. 물건을 무조건 입으로 가져가는 아이와는 소꿉놀이를 시도할 수 없고, 자동차 놀이를 하면서 '불이 났다'와 같은 상황극을 할 수 있는 아이에게 딸랑이를 손에 쥐어줄 수는 없기 때문입니다. 놀이 상황에서 언어 자극을 줄 때도 마찬가지입니다. 이제 3~4어절을 알아듣는 아이에게 어렵고 긴 문장으로 지시하지 않고, 의문사에 대답할 수 있는 수준의 아이에게 '맘마', '까까' 같은 말을 사용하지 않는 것과 같습니다.

특히 언어나 발달이 늦는 아이라면 더욱 그렇습니다. 우리 아이가 또래보다 언어가 얼마나 늦는지, 어떤 부분이 부족한지를 부모가 잘 알고 있다면 똑같은 놀이를 해도 내 아이에게 딱 맞는 적절한 언어자극을 해줄 수 있습니다. 놀이는 어떤 것부터 시작해도 괜찮지만, 아이가 흥미와 관심을 보이는 것부터 해보는 것이 좋습니다. 무엇이 되었든 아이가 관심을 가진다면 적극적으로 대답해주고 함께 놀아줘야 합니다. 물론 기껏 준비했는데 아이가 원하지 않는 경우도 발생합니다. 그럴 때는 아이가 그것에 관심을 가지게 하거나 하고 싶게 만들어야 합니다. 아무리 좋은 놀잇감이어도 아이가 좋아하지 않으면 금방 싫증 내고 외면할 테니까요. "우아, 이 멋진 놀잇감은 뭐지?", "이거 진짜 신기하다" 하면서 부모가 먼저 놀잇감을 가지고 노는 모습을 보여주거나 다른 형제자매와 놀면서 아이의 호기심을 끌어내야 합니다. 그래야 아이가 언어 자극 놀이에 참여할 수 있습니다.

〉〉 언어 자극 놀이 중 생긴 문제에 현명히 대처하는 법

제가 언어치료를 하는 과정에서도 준비한 장난감에 아이가 관심을 보이지 않는 뜻하지 않은 상황이 발생할 때가 있습니다. 그럴 때는 재미있는 방법으로 장난감을 "짜잔~" 하고 나타나게도 하고, 다른 위치에서 장난감에 변화를 줘서 보여주기도 합니다. 하지만 이런 방법마저 통하지 않으면 그때는 원하는 장난감을 고르게 합니다. 아이가 원하는 장난감을 가지고 노는 동안 언어 자극을 주되, 도달해야 할 언어적 목표를 잊지 않습니다.

가령 뽀로로 집 장난감을 활용해서 의문사 '누구'를 사용한 질문에 대답하기가 오늘 아이의 언어적 목표였다고 칩시다. 이 경우 "여기에 누가 있어?", "누가 피아노 쳐?"와 같이 의문사 '누구'를 사용한 의문문 노출이 다양하게 이뤄지도록 물어야 합니다. 만약 아이가 뽀로로집 장난감이 아닌 타요 주차장 놀이 장난감을 고른다고 해도 방법은 똑같습니다. 놀이 상황에서 "문에서 누가 나올까?", "누가 먼저 출발할까?"와 같이 '누구'라는 의문사를 지속적으로 써주면서 아이의 반응을 관찰하면 됩니다.

여기에서 한 발 더 나아가 놀이를 하며 생겼던 특정한 사건이나 상황, 행동에 대해서 무엇이 기쁘고 재미있었는지 알려주고 아이와 경험을 공유하는 것도 좋습니다. "우아, 이걸 지난번보다 높이 쌓았네!", "네가 만든 맛있는 요리를 엄마한테 줘서 고마웠어", "이렇게 멋진 뽀로로 궁전을 만들다니 정말 대단하다" 등 부모가 먼저 하는 모델링을 통해서 아이도 행복하고 즐거운 상황을 기뻐할 수 있습니다. 또한 자신감도 상승할 것입니다. 특히 놀이를 할 때 칭찬에 인색해서는 안 됩니다. 여기에서 말하는 칭찬이란 "잘했어"가 끝이 아닙니다. "장난감을 제자리에 정리하다니 정말 훌륭하다", "클레이를 가지고 만든 것을 보니 진짜 곰돌이 같아. 이걸 어떻게 생각하고 만들었어?"와 같이 구체적으로 칭찬해주는 것이 좋습니다. 구체적인 칭찬은 아이를 더욱 신나게 할 뿐만 아니라 칭찬 후에 이어지는 엄마 아빠의 간단한 질문에 충분히 대답할 수 있게 만듭니다. "엄마, 사실 곰돌이는 얼굴도 동그랗고 귀도 동그랗고 입도 동그랗잖아. 그거 생각해서 이렇게 만들어봤어." 칭찬을 들은 후 아이가 대답하는 목소리는 한 톤 올라가 있을 것입니다.

놀이 과정에서 발생한 문제는 '언제든 그럴 수 있다' 하는 느낌으로 넘어가야 합니다. 길게 만든 다리가 부서진다거나 크게 만든 건물이 무너지는 과정은 언제든 생길 수 있습니다. 힘들여서 만든 것이라면 아이가 난감해하는 표정이나 울상을 지을 수도 있겠지요. 이럴 때는 "어, 무너졌네. 천천히 기초부터 쌓으라고 했잖아", "어째 아슬아슬하더라. 튼튼하게 쌓았어야지" 등 실패를 탓하면서 말하기보다는 "저런, 애써서 만들었는데 무너져버렸구나. 속상하겠다" 하고 아이의 감정을 먼저 읽어주도록 합니다. 그다음, "이거 다시 만들까? 아니면 다른 모양으로 새롭게 만들까?", "왜 무너진 것 같아? 어떻게 하면 안 무너질까?"와 같이 아이와 함께 해결 방법을 생각해보는 것도 좋습니다. 놀이 과정에서든 이후의 학습 과정에서든 누구나 실수나 실패를 할 수 있습니다. 문제 상황을 극복하려면 놀이를 통해서 그것을 해결해본 경험이 있어야 합니다.

≫ 언어 자극 놀이의 핵심은 부모가 '함께'하는 것

언어 자극 놀이의 가장 중요한 포인트는 아이와 부모가 함께한다는 것입니다. 함께 놀이를 하다 보면 서로 대화를 주고받게 됩니다. 가령 소꿉놀이를 할 때 "엄마, 배고파? 내가 뭐 만들어줄까?"와 같은 표현을 나눈다거나, 병원 놀이를 할 때 "어디가 아파? 머리 많이 아파? 약 먹으면 얼른 나을 거야" 하는 대화를 하게 되지요. 이처럼 놀이를 하기 위해서는 상황에 맞는 적절한 말을 할 수 있어야 하고, 양보도 할 줄 알아야 합니다. 타인의 입장에서 생각할 줄도 알아야 하고, 배려도 할 줄 알아야 하지요.

말을 하지 못하는 아이라 하더라도 놀이 과정에서 부모의 반응을 보고 즐거움을 느낍니다. 아이는 눈을 마주치고 웃고 즐거워하면서 반응을 살피고 부모가 즐거워하면 더욱 적극적으로 놀이에 참여합니다. 아이의 이름을 불렀을 때 아이가 돌아볼 때마다 엄마 아빠가 신나게 손뼉을 친다면, 아이는 그 행동을 반복할 가능성이 훨씬 더 높습니다. 부모가 사랑스러운 아이가 보여주는 '찰나의 순간'을 놓치지 않고 적절한 언어 자극 놀이로 자극할 때 아이의 발달에는 더욱 가속도가 붙을 것입니다.

언어 자극 놀이에서 무엇보다 중요한 것은 아이의 언어 발달 단계에 맞는 적절한 놀이와 언어 자극의 수준을 정하는 것입니다. 아이에 대한 이해가 우선되어야 어떤 놀이를 할 것인지, 어떻게 놀아줘야 할지를 결정할 수 있습니다. 우리 아이의 발달 단계에는 어떤 놀이가 적절한지, 그리고 그 놀이를 하면서 어떤 언어 자극을 줘야 할지를 아이의 수준에서 먼저 생각해본다면, 언어 자극 놀이가 결코 어렵지 않을 것입니다.

아이의 발달 단계에 따라 달라지는 언어 자극 놀이

"아빠랑 노는 건 너무 시시해. 재미가 없어."

"이거 너무 어려워서 못 하겠어요."

"나는 뽀로로가 재미있는데 엄마는 자꾸 숫자 장난감만 갖고 놀라고 해서 싫어요."

아이들은 놀이에 대한 감정을 있는 그대로 표현합니다. 재미있고 좋으면 "재미있다", "좋다"라고 말하고, 지겹고 싫으면 "지겹다", "싫다"라고 이야기합니다.

제가 언어치료실에서 부모 상담 때 가장 많이 하는 이야기 중 하나는 한 가지 장난감이 한 시기에만 쓰이지 않는다는 것입니다. 가령 주차장 놀이를 재미있게 가지고 놀 나이는 정해져 있지도 않고, 특정 시기에만 가지고 놀 수 있는 장난감도 아니라는 말입니다. 같은 장난감이라도 어떻게 변화를 주느냐, 어떤 언어 자극으로 바꾸느냐, 문장 길이를 어떻게 하느냐에 따라 다른 의미를 가지게 됩니다. 놀이는 그 자체로 충분히 의미가 있지만, 부모가 어떤 놀이 상황을 만드는지, 또는 똑같은 장난감을 가지고도 어떻게 놀이 방법을 바꾸는지에 따라 그 효과의 차이가 뚜렷하게 나타납니다.

예를 들면 주차장 놀이를 할 때도 "올라가", "내려가", "멈춰", "빵빵", "슈웅" 등의 언어 자극을 주는 것만으로도 충분히 재미있어하는 시기가 있는가 하면, "차가 많아서 밀려", "여기 2층에 주차해야 해", "엘리베이터 타고 올라가자", "여기 차 세우고 어디에 갈까?"와 같은 언어 활동이 가능한 시기가 있습니다. 그리고 이런 놀이를 할 때는 '위', '아래', '옆' 등 평소 대화에서는 자주 쓰지 않는 다양한 어휘도 사용할 수 있습니다.

>> 언어 자극 놀이를 통해 아이의 발달을 도모할 때 기억해야 할 사항 2가지

언어 자극 놀이를 통해 아이의 언어, 신체, 인지, 정서, 사회성 발달을 돕고자 할 때 꼭 고려해야 할 사항이 2가지 있습니다.

첫째, 아이의 발달 단계적 특징을 이해해야 합니다. 각 시기마다 일반적인 발달 단계를 이해하지 못하면 아이와 어떻게 놀아줘야 할지가 막막합니다. 돌이 안 된 아이가 입으로 물건을 가져가서 물고 빨며 탐색하는 것은 발달 단계상 너무나도 당연한 행동입니다. 4개월이 안 된 아이와 함께 가게 놀이처럼 순서와 장면이 있는 놀이를 하는 것은 불가능합니다. 따라서 아이의 현재 발달 단계에서는 어떤 놀이가 적합한지, 그리고 그 놀이를 아이와 함께하려면 어떻게 해야 하는지를 알아야 합니다.

둘째, 놀이 상황에서 아이의 특징이나 성향을 파악해야 합니다. 아이는 자신의 인지, 정서, 사회적 수준에 맞춰서 놀이를 합니다. 따라서 놀이 상황에서 보이는 특징을 잘 관찰해뒀다가 우리 아이는 어떤 점이 두드러지는 성향인지 면밀히 파악할 필요가 있습니다. 이러한 결과를 바탕으로 아이가 정확히 모르는 개념을 어떻게 하면 알려줄 수 있을지, 만일 규칙을 어기고 이기는 것에만 집중한다면 그래서는 안 된다는 사실을 어떻게 알려줘야 할지 생각해봐야 합니다. 아이와의 즐거운 놀이는 그 자체로도 의미가 있지만, 이렇게 놀이 상황에서 보이는 아이의 특징과 성향을 부모가 잘 이해하면 더욱 효과적으로 놀이를 이끌어갈 수 있습니다.

>> 아이의 발달 단계에 따라
언어 자극 놀이법도 달라진다

피아제의 인지 발달 이론에 따르면 아이들의 놀이와 인지 능력은 감각 운동기, 전 조작기, 구체적 조작기로 구분되어 발달합니다. 또한 성장 단계에 따라 변화하는 놀이가 인지 능력, 신체와 정서, 사회성 발달에도 관여한다고 합니다. 아이가 성장하고 두뇌가 발달함에 따라 아이의 놀이도 진화하게 되는데, 단순한 반복 놀이에서 경험을 대입하는 놀이, 이어서 규칙과 질서를 이해해야 하는 놀이까지 단계적으로 발달합니다.

24개월까지는 감각 운동기 단계, 즉 탐색 놀이와 반복 놀이의 시기입니다. 이 시기는 시각, 청각과 같은 오감이 발달하는 탐구의 시기이지요. 오감을 통해서 세상을 탐색하는 때이기 때문입니다. 이 시기의 아이들 손에 장난감을 쥐어주면 입으로 가져가 빨고, 일부러 떨어뜨리거나 던지기도 하고, 같은 동작을 여러 번 반복하기도 합니다. 감각 운동기에는 시각, 청각, 촉각, 미각 등을 고루 자극할 수 있는 놀이, 직접 손으로 만지고 느낄 수 있는 놀이가 좋습니다. 또한 엄마 아빠의 말, 즉 언어 자극을 듣고 이해해야 하는 언어의 비율이 아이가 말하는 언어의 비율보다 훨씬 많은 시기이기도 합니다. 그런 점에서 볼 때 어떻게 언어 자극을 주느냐가 매우 중요합니다.

25~48개월까지는 전 조작기 1단계로 상상 놀이와 역할 놀이의 시

기입니다. 24개월이 지나면 좌뇌와 우뇌를 연결하는 뇌량이 발달하기 시작하면서 피상적으로 기억하는 지식과 실제적인 경험이 합쳐집니다. 이 시기 아이들은 자신이 직접 경험한 것을 통해 스스로 무언가를 조작하고 만들고 합치는 것이 가능합니다. 역할 놀이는 이 시기 아이들이 즐겨 하는 놀이 중 하나로, 상상력과 창의력을 바탕으로 합니다. 아이들은 역할 놀이를 하는 동안 엄마가 되고 의사가 되고 선생님이 됩니다. 다른 사람의 역할을 놀이로 표현함으로써 타인의 감정을 이해하고 공감하는 능력이 생기기 시작합니다. 이 시기에는 모으고 합칠 수 있는 블록 놀이나 퍼즐, 폐품으로 장난감 만들기 등 아이가 직접 손으로 조작할 수 있는 놀이가 좋습니다. 엄마 아빠로부터 듣고 이해하는 언어 자극만큼 아이의 표현이 많아지고, 다른 사람이 던지는 의문문에 대한 이해와 대답도 원활해져서 언어로 된 상호 작용이 다양해집니다.

49개월~7세까지는 전 조작기 2단계로 협동 놀이가 가능합니다. 48개월 이상이 되면 사고력, 판단력, 집중력 등을 관장하는 전두엽의 발달이 시작됩니다. 이 무렵부터 친구들과 놀다가 의견 충돌이 일어나는 경우에 이를 해결하고 극복하는 능력이 생깁니다. 친구들과 함께 어울리려면 어떻게 해야 하는지 알아가는 과정에서 사고력과 판단력이 길러집니다. 사회적인 상호 작용이나 놀이 경험을 통해서 사회성이 신장될 수 있으며, 또래 활동에도 관심이 많아집니다. 이 시기에는 엄마 아빠의 언어 자극만큼이나 어린이집이나 유치원 등에서 이뤄지는 언어 자극도 다양해집니다. 아이가 표현하는 말도 점차 길고 복잡해지며 이해하고 있는 말에 대한 응용력과 활용의 폭도 넓어집니다.

이렇게 발달 단계에 따라 놀이 단계가 달라진다면 놀이 안에서 아이에 대한 언어 자극도 달라져야 합니다. 언어 자극 놀이를 할 때 부모는 다음과 같은 것들을 정확하게 파악해야 합니다. '아이가 부모가 건네는 단어의 수준을 이해할 수 있는가?', '의문사를 어느 정도 이해할 수 있는가?', '들려주려고 하는 문장이 현재 아이의 수준에서 적절한 문장인가?', '현재 아이는 어떤 단어들을 좀 더 빨리 배울 수 있는가?' 준비되지 않은 아이에게 지나치게 길거나 많은 언어 자극을 주는 것은 피해야 합니다. 아울러 놀이 상황에서는 아이와 동일한 감정을 담아 충분한 어조, 감정, 표정, 몸짓으로 정서적인 반응을 해주면 더욱 좋습니다.

≫ 언어 자극 놀이를 할 때 필요한 도구들

언어 자극 놀이를 할 때 가장 좋은 장난감은 무엇일까요? 언어 자극 놀이를 할 때 어떤 놀잇감을 사용하는지는 중요하지 않습니다. 아이가 가지고 노는 물건이라면 무엇이든 충분합니다. 놀이를 가능하게 하는 물건이 곧 장난감이라면, 아이의 흥미와 호기심을 끌면서 지루하지 않게 지속적으로 가지고 놀 수 있는 물건이 가장 좋습니다.

언어 자극 놀이에서는 '언어'가 핵심이기 때문에 사용하는 장난감이 무엇인지가 놀이 효과를 크게 좌우하지는 않습니다. 이 점을 꼭 기억해주세요. 장난감은 언어 자극 놀이가 잘 이뤄지도록 도와줄 수 있는 정도면 충분합니다. 그런 이유에서 정확한 목적이 있는 장난감도 물론 좋지만, 밀가루 반죽처럼 놀이의 목적이 명확하지 않은 놀잇감도 언어 자극 놀이를 할 때는 좋습니다. 이런 놀잇감들은 아이가 스스로 목적을 만들어서 놀이를 할 수 있기 때문입니다.

무엇보다 아이가 안전하게 가지고 놀 수 있고 아이의 발달 수준에 맞는 장난감이 좋습니다. 조작이 너무 어려운 장난감보다는 재활용품이나 폐품처럼 주변에서 쉽게 구할 수 있는 간단한 물건이면 충분합니다. 여기에 아이의 창의력과 상상력이 더해진다면 더욱 좋은 놀잇감이 되겠지요.

반면 상호 작용이나 감정의 교류를 할 수 없는 스마트폰, TV, 컴퓨터, 게임기의 사용은 최대한 제한하는 것이 좋습니다. 이것들은 장난감이라고 볼 수 없습니다. 장난감은 아이들과 함께 소통하기 위한 도구임을 잊지 말아야 합니다.

2장

아이의 발달 단계별
언어 자극 놀이법

안정감과 따뜻함으로 자라요

모빌 놀이 · 음성 놀이 · 손으로 공치기 놀이

소리 나는 장난감 놀이 · 베이비 마사지 놀이

노래 불러주기 놀이 · 손으로 잡아보기 놀이

무릎 위에서 흔들어주기 놀이 · 손과 발 놀이

몸에 바람 불어주기 놀이 · 눈으로 따라가기 놀이

모자 벗기기 놀이 · 움직이는 장난감 잡기 놀이

장난감 빨기 놀이 · 장난감 숨바꼭질 놀이

우리 아이, 이만큼 컸어요

세상에 막 태어나 부모를 만난 사랑스러운 아이들. 이 시기 아이들은 대부분의 시간 동안 누워서 잠을 잡니다. 이 시기 아이들의 신체 활동은 반사적이거나 비의도적인 경우가 많습니다. 빨기 반사(아이의 입 주변에 무언가를 가져다 대면 자동적으로 빨기 위한 시도를 하는 것), 잡기 반사(손가락을 아이의 손바닥에 가져다 대면 그 손가락을 꽉 잡는 것) 같은 것이 대표적인 예입니다. 생후 3개월이 넘어가면 아이들은 자기 신체의 일부를 움직여보면서 스스로가 움직이고 느낄 수 있는 존재라는 사실을 깨닫기 시작합니다.

발달 포인트 ① 시각이 매우 천천히 발달한다

이 시기 아이들은 대체로 시각 능력에 한계가 있습니다. 시각은 오감 중 가장 늦게 발달하는 감각입니다. 처음에 아이들은 한 물체에 시선을 잘 고정시키지 못하고 20~30cm 정도 떨어진 물체만 볼 수 있습니다. 생후 2개월 정도가 되면 명암을 통해서 사물을 구별할 수 있습니다. 3개월이 넘어야 모든 방향의 물체를 주시할 수 있습니다. 따라서 0~3개월 아이들은 밝은 빛, 원색 패턴 등 분명하고 밝은 대상으로 자극을 줘야 합니다. 3개월이 넘으면 비로소 익숙한 얼굴, 주변에 있는 사물들을 인식하기 시작합니다. 4～6개월에는 꽤 선명하게 물체를 볼 수 있으며 움직이는 물체를 눈으로 따라갈 수 있습니다. 따라서 이때는 다양한 색깔이나 모양의 장난감을 제공하는 것이 필요합니다.

발달 포인트 ② **시각을 제외한 감각들은 빨리 발달한다**

청각, 미각, 후각, 촉각은 시각에 비해 초기부터 빠르게 발달합니다. 신생아 시기부터 낯선 목소리와 익숙한 목소리를 구별하기 시작합니다. 단맛과 부드러운 촉감을 선호해서 엄마의 체취나 젖 냄새 등을 좋아합니다. 다양한 촉감 경험은 정서적 안정과 함께 두뇌 발달에 도움이 되는 물질인 베타 엔도르핀의 분비를 촉진시키므로 다양한 물건을 많이 접촉할 수 있도록 해주는 것이 좋습니다.

발달 포인트 ③ **부모의 기분에 예민하게 반응한다**

0～3개월 아이들은 부모의 기분을 그대로 받아들입니다. 부모가 행복하면 아이도 행복하고 부모가 기분이 나쁘면 아이도 기분이 좋지 않습니다. 따라서 아이 앞에서 감정을 표현할 때는 세심한 관심을 기울여야 합니다. 양육자가 아이를 만족시키고 이해해주면 아이는 세상이 안전하고 예측 가능한 곳이라는 확신을 가지게 됩니다. 이 시기 아이들은 외부 자극에 쉽게 영향을 받아서 잘 우는 경우가 많습니다.

발달 포인트 ④ **다양한 소리를 내며 의사소통 관계를 인식한다**

이 시기 아이들은 다양한 소리를 냅니다. 양육자의 말에 반응하는 듯한 소리를 내기도 하고 입술, 혀 등을 움직이며 우연히 여러 가지 소리를 만들어내기도 합니다. 자신의 소리에 반응하는 부모의 태도를 보면서 소리에 반응하는 법을 배우고 더욱 다양한 소리를 시도하며 옹알이하는 단계를 거칩니다.

이 시기 아이들은 부모의 언어 자극을 받는 과정에서 의사소통 관계를 인식합니다. 부모가 아이의 소리에 대답해주거나 따라 해주면 아이는 부모가 자신의 소리에 반응했다고 생각하고 더욱 신나게 소리를 내는 경우가 많습니다. 이 무렵 아이는 부모의 목소리를 주의 깊게 들으며 모방하는 시도를 통해서 언어적 소통의 기본 태도를 배웁니다.

발달 포인트 ⑤ 원인과 결과에 대한 관계 파악이 점차 시작된다

3개월 이후부터는 손과 입을 이용한 탐색 활동이 시작되므로 아이가 위험한 물건을 입에 넣지 않도록 조심하되, 적절하게 아이의 탐색 활동을 보장해주는 것이 필요합니다. 6개월에 가까워지면서 아이들은 간단한 인과 관계를 이해합니다. 물건이 바닥에 떨어지면 소리가 난다는 것을 알아서 물건을 바닥에 계속 떨어뜨려본다거나 딸랑이를 흔들면 소리가 나는 것을 알아서 계속 흔들어보기도 합니다. 특히 세상에 대한 관심과 탐색 욕구가 강해지면서 세상을 알아가는 경험을 하고 인지 능력과 사회성을 키워갑니다. 아이는 너무도 약하고 작은 존재인 것 같지만, 다양하고 활발하게 세상을 탐색하는 존재로 성장 중입니다.

모빌 놀이

물건에 시선을 맞춰요
"뱅글뱅글, 움직여"

- 모빌의 움직임과 관련된 어휘 ~볼까?, ~보자, 빙글빙글, 뱅글뱅글, 돌아, 움직여, 잡아, 만져 등

- 모빌에 달린 물건과 관련된 의성어 뿌(배), 슈웅(비행기), 칙칙폭폭(기차) 등

소리 나는 모빌

1. 아이를 편안하게 눕힌 다음, 앞으로 무엇을 할지 이야기해줍니다.
   "우리 이제 움직이는 거 같이 볼까?" "잘 움직이나 한번 보자."

2. 아이에게 모빌의 움직임을 보여주며 그 모습을 의태어로 재미있게 표현해줍니다.

"빙~글~빙~글~" "우아, 돌아간다~"

3. 아이가 모빌을 보고 좋아하거나 손과 발을 버둥거리면 그 마음을
  읽어줍니다.

  "신기하지?" "우리 ○○이, 기분이 좋구나."

4. 모빌을 다른 방향으로 움직이거나 손가락으로 쳐봅니다. 엄마 아
  빠에게는 아주 작은 움직임이지만 아이는 크고 다르게 느낍니다.

  "이번에는 반대로 해볼까?" "(한 번 건드리고) 통 (한 번 건드리고) 통."

5. 소리가 나는 모빌이라면 그 소리를 다양한 의성어로 표현하면서
  들려줍니다.

  "들어볼까? 여기 꽃에서는 무슨 소리가 나지? 삑삑."

  "네모 모양에서는 무슨 소리가 나지? 딸랑딸랑."

6. 모빌을 보던 아이가 엄마 아빠를 바라보면 눈을 맞추고 더욱 적극
  적으로 반응해줍니다.

  "까꿍, 우리 ○○이 엄마 봤어?"

  "아빠가 보였어? 아빠도 ○○이 보고 있지."

7. 아이가 모빌 쪽으로 손을 뻗으면 이름을 알려주고 손으로 건드릴

수 있게 도와줍니다.

"네모 모양 만져볼까?" "와, 이건 배네. 뿌~"

Tip

- 3개월 이하의 아이는 모빌의 움직임만큼 빠르고 정확하게 눈이 따라가지 못하는 경우가 많습니다. 이럴 때는 모빌을 아이에게 조금 더 가까이 달거나 천천히 건드리는 정도로 움직여줍니다. 아이의 눈에 문제가 있는 것이 아니라 시각은 가장 늦게 발달하는 감각이라는 사실을 꼭 기억하세요.
- 아이의 눈이나 고개의 움직임이 빨라지면 아이에게 더 다양한 자극을 주기 위해서 모빌을 높이 달거나 무늬나 색깔이 화려한 것으로 교체해줍니다.

음성 놀이

주고받는 놀이를 시작해요
"아아아, 음음음"

언어 자극 Point

- **감정과 관련된 어휘** 기분이 좋아, 신났어, 재미있어, 속상해, 화났어 등

- **아이의 욕구와 관련된 어휘** 배고파, 졸려, 축축해, 응가 했어 등

- **아이의 옹알이 소리를 모방한 말** 아아아, 음음음 등

준비물 없음

1. 아이가 소리를 내면, 소리를 냈다는 것에 적극적으로 반응해줍니다.

   "어, ○○이가 소리를 냈네?" "어, 말을 하네. 무슨 말일까?"

2. 눈을 맞추고 아이의 감정을 부드러운 말로 읽어줍니다.

   "우리 ○○이가 기분이 좋네." "짜증이 많이 났네."

3. 옹알이하는 아이의 상황을 짐작해서 말로 표현해도 좋습니다. 단, 너무 길지 않은 문장으로 이야기합니다.

"배가 많이 고팠구나." "기저귀가 축축해서 화가 났구나."

4. 아이가 소리를 냈을 때, 그 소리를 유심히 듣고 모방해서 들려줍니다. 다시 들려줄 때는 바로 들려주지 말고 2~3초 기다렸다가 들려주는 것이 좋습니다.

아이: "아아아~" (2~3초 후) 엄마: "아아아~"

5. 아이가 부모와 함께 2~3번 이상 소리를 반복하는 것을 좋아하면 소리나 소리의 높낮이를 약간 변형해봅니다. 아이는 부모가 내는 변화된 소리에 집중하면서 관심을 기울일 것입니다.

아이: "아아아~" 엄마: "우아아~"

Tip
- 아이가 여러 가지 발성을 할 수 있도록 시도하는 방법입니다. 부모의 적극적인 반응은 아이에게 자신의 음성을 사용하는 것이 재미있음을 느끼게 해줍니다.
- 부모가 아이에게 말을 걸고 소리를 들려주는 것만큼 중요한 것은 아이의 발성을 유도하는 것입니다. 충분히 눈을 맞추면서 아이에게 소리로 소통할 수 있는 기회를 주도록 합니다.

손으로 공치기 놀이

손을 뻗어서 칠 수 있어요
"통통통, 쳐봐"

언어 자극 Point

- **공과 관련된 어휘** 공, 동그라미, 통통통, 데굴데굴 등

- **공을 치는 행위와 관련된 어휘** 굴려, 던져, 쳐, 잡아 등

- **공을 흔드는 행위와 관련된 어휘** 흔들흔들, 움직여, 흔들어 등

준비물) 고무나 헝겊 재질의 공 또는 끈이 달린 공

1. 누워 있는 아이에게 까꿍 소리와 함께 숨겨놓았던 공을 보여주거
   나 보자기나 수건 등에 공을 숨겨뒀다가 보여줍니다.
   "까꿍, 공이 나왔네." "통통통, 공이다."

2. 아이가 좋아하면 아이가 손을 뻗어 닿을 수 있는 위치에서 공을

가볍게 흔들어줍니다.

"여기 공이 있네." "흔들흔들, 흔들흔들."

3. 아이가 공을 쳐볼 수 있도록 유도합니다. 이때 아이의 눈동자가 공의 움직임을 따라가는지를 살펴보고 아이의 손이 공에 닿으면 손으로 톡톡 쳐보도록 유도합니다. 아이가 공을 잘 치지 못하면, 엄마 아빠가 아이 손을 잡고 공을 함께 쳐봐도 좋습니다.

"○○이가 잡아볼까?" "공 쳐보자. 하나 둘 셋!"

4. 아이가 공을 잡거나 치면 아이를 칭찬하고 격려합니다.

"우리 ○○이 잘했네." "최고!"

Tip

- 움직이는 물체에 대한 관심이 많아지는 시기이므로 아이가 보고 느끼고 만질 수 있는 경험을 다양하게 할 수 있도록 해줍니다.
- 자신의 행동이 다른 물체에 영향을 미칠 수 있다는 사실(공을 쳐서 미는 과정)을 알 수 있도록 놀이 과정에서 시도해줍니다.
- 준비물은 아이가 굴릴 수 있는 것이면 무엇이든 가능합니다. 요구르트 병에 콩이나 쌀을 넣어 사용하거나 털뭉치 등을 활용해도 좋습니다.

소리 나는 장난감 놀이

청각을 사물과 연결해요
"무슨 소리지?"

언어 자극 Point

- **소리에 집중하기 위한 어휘** 들어볼까, 쉿, 무슨 소리지?, 짜잔 등

- **소리에 반응할 때 들려주는 어휘** 들었어?, 찾았어?, 재미있는 소리가 났네 등

- **소리를 언어적으로 다시 들려주는 의성어** 멍멍, 꿀꿀, 빵빵, 앵 등

준비물) 사운드북

1. 누워 있거나 기대어 앉아 있는 아이에게 먼저 책의 표지를 보여줍
   니다. 그다음, 책을 펼쳐서 사운드북에서 나는 소리를 들려줍니다.
   "무슨 책인지 읽어볼까?" "우아, 책에서 신기한 소리가 난다."

2. 사운드북의 소리와 언어(의성어)를 연결해서 다시 들려줍니다. 노래

가사에 의성어가 있을 경우, 아이가 어휘와 의성어, 그리고 노래를 함께 이해하는 즐거운 놀이가 됩니다.

"어흥, 아이 무서워. 어흥 소리." "꿀꿀, 돼지 소리네."

3. 사운드북의 소리 버튼을 아이가 눌러보도록 기회를 주는 것도 좋습니다. 이 시기 아이는 아직 손가락 힘이 부족한 경우가 많습니다. 그럴 때는 부모가 아이와 함께 소리 버튼을 눌러봅니다.

"무슨 소리 나는지 같이해볼까?" "비행기 소리 같이 들어볼까?"

Tip

- 아이들이 소리에 반응하는 방법은 다양한 형태로 나타납니다. 가장 흔한 반응은 소리가 나는 곳을 쳐다보거나 눈이 커지거나 깜짝 놀라는 것입니다. 때로는 반사처럼 발가락을 쫙 편다거나 두리번거린다거나 우유 먹기를 멈추는 등의 반응으로 나타나기도 합니다.

- 의성어는 소리가 재미있고 반복되어서 아이들이 매우 좋아합니다. 이 시기의 아이들에게는 '소방차'라는 말보다 '앵〜'이 더 좋습니다.

- 사운드북에서 나는 소리는 현실적인 경우가 많습니다. 하지만 같은 소리라고 해도 나라마다 그것을 표현하는 말은 다릅니다. 똑같은 강아지 소리를 듣고도 우리나라는 '멍멍'이라고 하고, 미국은 '바우와우'라고 합니다. 따라서 사운드북의 소리를 아이에게 들려준 뒤에는 그것을 말소리로 들려주는 과정이 반드시 필요합니다.

베이비 마사지 놀이

정서적 안정감을 느껴요
"팔도 쭉쭉, 다리도 쭉쭉"

언어 자극 Point

- **신체와 관련된 어휘** 손, 발, 팔, 다리, 배, 무릎, 눈, 코, 입 등

- **베이비 마사지와 관련된 어휘** 쭉쭉쭉, 쓱쓱쓱, 조물조물, 다리를 쭉 등

- **아이의 촉감과 관련된 어휘** 부드러워, 귀여워, 포동포동, 말랑말랑 등

준비물 수건, 베이비오일

1. 바닥에 수건을 깔고 아이를 눕힙니다. 그다음, 아이에게 베이비 마사지가 시작된다는 것을 이야기해줍니다. 이는 아이에게 마음의 준비를 하게 하는 과정이기도 합니다.

   "우리 이제 재미있는 베이비 마사지 놀이를 해볼까?"

   "엄마가 우리 ○○이 팔도 만져주고 다리도 만져줄게."

2. 베이비오일을 엄마 아빠의 손에 적당량을 올려두고 잠시 기다립니다. 베이비오일이 아이의 피부에 바로 닿으면 차갑게 느껴질 수 있기 때문입니다.

"우리 아기, 조금만 기다려." "따뜻하게 마사지해줄게."

3. 아이의 팔, 다리 등을 마사지하며 신체 이름을 이야기해줍니다. 이때 '쭉쭉~'과 같은 소리를 함께 들려줍니다.

"○○이 다리 어디 있지? 여기 있네."

"우리 ○○이 팔도 쭉쭉, 다리도 쭉쭉."

4. 머리부터 발끝까지, 위에서부터 아래로 순서대로 마사지해줍니다.

"여기는 머리, 여기는 가슴, 여기는 다리." "머리, 어깨, 무릎, 발."

5. 느린 음악이나 동요에 맞춰 마사지를 해줘도 좋습니다.

"하나 둘 셋 넷, 팔이 움직여요."

"(노래에 맞춰) 우리 ○○이도 하나 둘, 하나 둘!"

6. 마무리할 때는 목이나 배, 손바닥이나 발바닥 등을 간질여도 좋습니다. 아이는 촉각적 반응을 느끼면서 즐거워합니다.

"손이 간질간질~ 간질간질~" "배가 간질간질~"

- 〈작은 별〉이나 〈자장자장 우리 아기〉와 같은 간단한 노래의 가사를 바꿔 부르면서 마사지를 해주는 것도 좋습니다. "반짝반짝 ○○이 눈", "우리 아이 예쁜 코", "머리부터 발끝까지"와 같이 신체 부위와 관련된 문장으로 가사를 고쳐도 좋습니다.

- 베이비 마사지 놀이는 아이가 잘 자고 일어난 후, 또는 기저귀를 갈아주고 난 후에 쭉쭉이를 해줄 때도 활용할 수 있습니다.

노래 불러주기 놀이

아이에게 노래를 불러주세요
"반짝반짝 작은 별"

언어 자극 Point

- **노래를 시작할 때 들려주는 어휘** 노래 부르자, 같이 불러보자, 같이 시작 등

- **노래를 부르며 움직일 때 들려주는 어휘** 춤추자, 움직여보자, 흔들흔들 등

- **노래가 끝날 때 들려주는 어휘** 끝났다, 다했다, 잘 들었네, 또 부를까? 등

준비물 없음

1. 아이가 누워 있거나 부모가 아이를 안고 있을 때, 부모가 잘 불러줄 수 있고 아이도 익숙하게 들을 수 있는 노래를 불러줍니다. 처음 노래를 불러줄 때는 원곡보다 조금 느리게 천천히 불러주는 것이 좋습니다.

   "곰 세 마리가 한집에 있어." "반짝반짝 작은 별."

2. 노래를 불러줄 때 아이를 안고 있다면 가볍게 흔들거나 박자에 맞춰서 움직여줍니다. 또는 등이나 엉덩이를 다독다독 두드려줘도 좋습니다. 이러한 과정을 통해서 아이는 노래를 들으며 음률을 느끼고 노랫소리에 반응할 수 있습니다.
"토닥토닥." "움직여볼까?"

3. 손유희(몸동작)가 있는 노래라면 노래를 부르면서 함께해주는 것은 매우 좋은 방법입니다. 손유희가 없어도 즉석에서 만들어 보여주면 좋습니다. 엄마 아빠가 노래를 부를 때 신나고 즐겁게 부르는 것은 기본 중의 기본입니다. 노래를 부를 때 아이와 눈을 맞추고 즐거운 마음으로 손동작과 몸동작을 함께해가며 불러줍니다.

4. 노래를 불러줄 때 아이가 누워 있거나 엎드려 있다면 노래에 맞춰 가사와 관련이 있는 장난감이나 인형을 직접 보여주면 좋습니다. 이때 장난감이나 인형을 눈앞에서 재미있게 흔들어줍니다. 눈앞에 안 보이게 숨겼다가 짜잔 하고 나타나는 형태로 보여주면 아이는 더욱 신나게 노래를 듣고 즐깁니다.

・〈곰 세 마리〉 노래
아이에게 곰 인형을 눈앞에 보여주며 흔들어주거나 크기가 다른 곰 인형들을 차례로 보여줍니다.

"곰 세 마리가 한집에 있어, 아빠 곰(큰 곰 보여주기) 엄마 곰(조금 작은 곰 보여주기) 아기 곰(가장 작은 곰 보여주기)…"

- **〈동물 농장〉 노래**

가사에 나오는 동물에 맞춰서 장난감이나 인형 등을 보여줍니다.

"닭장 속에는 암탉이 꼬꼬댁(닭 장난감이나 인형 보여주기), 문간 옆에는 거위가 꽥꽥(거위 장난감이나 인형 보여주기)…"

5. 처음 노래를 부를 때는 시작한다고 이야기해주고, 노래를 마무리할 때는 노래가 끝났다고 말해줍니다.

"노래 시작할게." "노래 다 불렀다. 우리 ○○이 잘했다."

Tip

- 영아 때부터 노래를 충분히 들은 아이는 나중에 '노래를 활용한 청각적 종결auditory closure 놀이'를 충분히 할 수 있습니다. 노래를 활용한 청각적 종결 놀이란 노래를 부르다가 부모가 멈추면 그 노래를 아이가 마무리하는 것입니다. 이 놀이를 하려면 우선 노래를 충분히 듣고 경험할 수 있는 기회를 줘야 합니다. 영아 때부터 들은 노래는 아이에게 무엇보다 좋은 언어 자극이 됩니다. 듣고 이해하는 능력은 물론, 표현력에도 커다란 영향을 미칩니다. 1~2어절 수준으로 말할 수 있는 아이일지라도 노래는 훨씬 더 길게 부를 수 있습니다. 따라서 아이

에게 노래를 다양하게 들려주는 것은 좋은 경험이 된다는 사실을 잊

지 말기를 바랍니다.

손으로 잡아보기 놀이

손으로 잡게 해주세요
"잡아보자"

언어 자극 Point

- **물건 잡기와 관련된 어휘** 잡아보자, 당겨봐, 밀어봐, 만져볼까? 등

- **물건 찾기와 관련된 어휘** 어디 있지?, 찾아봐, 저기 있네, 따라가자 등

- **물건을 잡은 이후 활동과 관련된 어휘** 톡톡, 딸랑딸랑, 흔들어, 소리가 나네,
  잘했어, 눌러봐, 바꿔, 떨어졌네 등

- **물건 이름과 관련된 어휘** 아이가 잡는 모든 물건의 이름(의성어나 정확한 사물의
  이름)

준비물   아이가 좋아하는 장난감

1. 아이가 누워 있거나 엎드려 있을 때, 손으로 잡아보게 할 장난감을
   눈앞에서 흔들거나 엎드린 시선 앞에 두고 방향을 알려주는 등 시

각적으로 자극해줍니다.

"공 어디 있지?" "저기 있네. ○○이가 찾아볼까?"

2. 아이가 관심을 가지면 장난감을 잡아보도록 유도합니다. 누워 있는 아이라면 손이 닿을 수 있는 위치나 가슴 위에 장난감을 올려놓습니다. 엎드려 있는 아이라면 손이 닿을 것 같은 위치나 약간 먼 거리에 장난감을 둡니다.

"○○이가 잡아볼까?" "잡아보자."

3. 아이가 손으로 장난감을 잡으면 칭찬해줍니다. 혼자 잡기 힘들어하면 엄마 아빠가 함께 손을 뻗어 잡아도 좋습니다.

"우아, 잘했다. ○○이가 잡았어." "엄마 아빠랑 같이 잡았네."

4. 아이가 장난감을 잡으려고 시도했는데 우연히 당기거나 미는 상황이 되면 그 행동을 적절한 단어로 연결해주는 것이 좋습니다.

"○○이가 공을 밀었네." "같이 따라가볼까?"

5. 아이가 장난감을 손으로 잡았다면 그것을 흔들어보거나 만져보게 합니다. 소리가 나는 것이라면 흔들어서 소리를 내봐도 좋습니다.

"들어볼까?" "흔들어봐."

6. 아이가 장난감을 잘 잡고 있다면 호기심을 끌 만한 다른 물건을 보여주고 그것으로 바꿔 잡게 해도 좋습니다. 장난감을 떨어뜨리거나 놓친다면 그 행동을 적절한 단어로 연결해줍니다.

"바꿨구나." "떨어졌네."

Tip

- 손으로 잡아보기 놀이는 다양한 동사 어휘를 들려줄 수 있는 활동입니다. 아이가 하는 행동에 맞춰 적합한 동사를 들려주도록 합니다.

- 이 시기 아이는 아직 만지거나 흔들어보는 조작 활동이 미숙합니다. 따라서 엄마 아빠가 아이의 손을 잡고 함께해줘도 좋습니다.

무릎 위에서 흔들어주기 놀이

아이와 엄마가 함께 움직여요
"흔들흔들"

언어 자극 Point

- **움직임과 관련된 어휘** 까딱까딱, 흔들흔들, 왔다 갔다, 위로, 아래로, 옆으로 등

- **속도와 관련된 어휘** 빠르게, 느리게, 빨리, 천천히 등

- **감정과 관련된 어휘** 우아, 신나, 재미있어 등

- **행동과 관련된 말** 앉아, 여기 앉아, 무릎에 앉아, 누웠네, 여기 있네 등

준비물 없음

1. 다리를 쭉 뻗고 앉은 엄마 아빠의 무릎 위에 아이를 앉힙니다. 아이가 균형을 잡지 못하거나 목을 완전히 가누지 못하는 경우에는 허벅지 위에 눕혀도 됩니다.

"○○이, 엄마 무릎에 앉았네." "아빠 다리 위에 누웠네."

2. 엄마 아빠의 다리를 움직여서 아이를 위아래 또는 옆으로 부드럽게 흔들어줍니다. 흔들 때는 아이의 반응을 봐가며 속도를 조절합니다. "빠르게, 빠르게." "천천히, 천천히."

3. 아이가 웃거나 좋아하면 감정을 읽어줍니다. 아이가 좋아할 때는 부모도 함께 좋아하며 밝고 신나는 표정으로 이야기합니다. "우리 ○○이 신난다." "재미있어."

4. 아이가 균형을 잡기 위해서 몸에 힘을 주거나 머리를 들 수도 있습니다. 그럴 때는 그 행동을 적절한 단어로 연결해주는 것이 좋습니다. "우리 ○○이 고개 들었어." "○○이 갸우뚱, 얼굴이 갸우뚱."

Tip

- 무릎 위에서 흔들어주기 놀이는 아이가 부모의 움직임을 힘들어하지 않는 선에서 시도하는 것이 좋습니다. 활동이 끝난 후에는 아이를 바닥에 눕히고 쭉쭉이 등을 해주면서 충분히 근육을 이완시켜줍니다.
- 무릎 위에서 흔들어주기 놀이는 아이에게 다양한 움직임에 대한 언어 자극을 줄 수 있습니다. 아이의 움직임을 다양한 동사로 말해주세요.

손과 발 놀이

따라 할 동작을 보여주세요
"손가락을 쪽쪽"

[언어 자극 Point]

- **신체 활동을 보여주는 어휘** 이리 와, 빠빠이, 반짝반짝 등

- **손동작을 보여줄 때 들려주는 어휘** 흔들어, 죔죔, 곤지곤지, 짝짜꿍 등

- **손발을 잡거나 빨 때 들려주는 어휘** 잡아, 잡았다, 쪽쪽, 입에 쏙 등

[준비물] 없음

1. 아이가 누워 있는 상태에서 발을 잡아 아래에서 위로 천천히 올려
   눈앞에 보여줍니다.
   "어, 여기 발이 나왔네." "우리 ○○이 예쁜 발."

2. 아이가 손을 움직이면서 자신의 손을 바라보거나 스스로 발을 잡

는 활동을 하면 손과 발을 가지고 놀 수 있게 해줍니다. 아이 스스로 자신의 신체에 관심을 가지고 보는 것이기 때문입니다.

"우리 ○○이 손도 예쁘네. 손가락도 예쁘네."

"우리 ○○이 발을 잡았어. 혼자 잡았네."

3. 아이의 눈앞에서 쥠쥠 동작을 보여주면서 손을 오므렸다 펼쳤다 해봅니다.

"쥠쥠, ○○이 잘하네." "손을 오므렸다 폈다, 오므렸다 폈다."

4. 아이가 손이나 발을 빨면 자연스럽게 그 행동을 설명해줍니다.

"손가락(발가락)을 쪽쪽." "손(발) 빨고 있었어?"

Tip

- 본격적인 행동 모방은 7개월 이후에 나타납니다. 이때는 아이가 부모의 행동을 잘 따라 하지 못해도 괜찮습니다. 0~6개월은 부모와 아이의 의사소통 시도를 위한 첫 단추를 꿰는 시기라는 점을 잊지 마세요.

몸에 바람 불어주기 놀이

신체 이름과 함께 입김으로 자극해요
"손이 어딨지? 후~"

언어 자극 Point

- **신체 이름과 관련된 어휘** 배, 등, 어깨, 다리, 발, 손, 배꼽, 엉덩이 등

- **불어주는 동작과 관련된 어휘** 후후후, 뿡뿡뿡, 부부부, 불어, 간질간질 등

- **감정과 관련된 어휘** 재미있어, 웃었어, 신났어 등

- **불어주는 바람의 강도를 조절하며 들려주는 어휘** 세다, 약하다 등

준비물) 이불이나 매트

1. 이불이나 매트가 깔린 평평한 바닥에 아이를 눕히고 얼굴이나 손
   에 바람을 살짝 불어줍니다.

   "우리 ○○이, 후후후 놀이할까?" "손에 바람이 후후."

2. 엄마 아빠는 누워 있는 아이의 배나 엉덩이 등에 입으로 바람을 불어줍니다. 입으로 바람을 불어준 후에 손바닥으로 문질러 만져주면서 아이와 신체적으로 가까이 접촉하는 것도 좋습니다.

"엄마가 배에 바람 불었어." "엉덩이에서 소리가 나네. 뿡뿡."

3. 까르르 웃거나 좋아하면 눈을 맞추며 아이가 느끼고 있는 감정을 말해줍니다.

"우리 ○○이 신나." "우리 ○○이, 웃었네. 또 해줄까?"

4. 아이가 목을 가눌 수 있다면 안아 올린 후 몸에 바람을 불어주는 놀이를 할 수도 있습니다. 아이를 안아 올리기 전에 곧 위로 올라간다는 사실을 알려줍니다.

"위로 간다. 하나 둘 셋!" "자, 준비! 위로 올라가자."

Tip

- 아이의 몸에 바람을 불어줄 때, 엄마 아빠가 입으로 소리를 내도 좋습니다. 뽀뽀하는 소리라고 말해주거나 뿌뿌 소리를 내면 됩니다.
- 아이에게 바람을 불어줄 때 가까이 가기도 하고 멀리 가기도 하면서, 또는 바람을 세게 불어주거나 약하게 불어주면서 바람의 거리나 강약을 조절하는 것도 좋습니다.

눈으로 따라가기 놀이

눈으로 움직임을 따르게 해요
"어디 있지? 찾아봐"

언어 자극 Point

- **장난감의 움직임과 관련된 어휘** 당겨, 밀어, 움직여, 흔들어, 멀리 갔네 등

- **사물을 보여주는 활동과 관련된 어휘** 나왔네, 여기 있네, 따라가볼까? 등

- **아이의 시선을 잡기 위한 말** 우아, 여기 봐, 어디 갔지?, 뭐지? 등

준비물 끈이 달리거나 소리 나는 장난감

1. 아이가 누워 있다면 얼굴이나 가슴 위쪽에서 장난감을 천천히 느린 동작으로 움직여줍니다. 장난감의 이름이나 모양, 움직임을 쉬운 언어로 설명해줍니다.

"○○아, 어흥이가 춤을 춰." "○○이가 좋아하는 사자 나왔다."

2. 아이의 시선이 움직이는 장난감을 잘 따라오는지 확인합니다.

   "사자가 이리로 갔네. ○○이 찾았어?"

   "어흥이 어디 있는지 우리 찾아볼까?"

3. 아이의 시선이 장난감의 움직임을 잘 따라오면 움직이는 거리를 더 멀리하거나 좌우 반경을 더 넓혀서 계속 시선이 잘 따라오도록 유도합니다.

   "사자가 멀리 갔네." "우리 ○○이 눈이 여기까지 와서 찾았네."

4. 아이가 엎드려 있을 때는 눈앞에 장난감을 보여줍니다. 바닥 위에 장난감을 놓아도 되고, 반대편 바닥에서 아이 쪽으로 천천히 장난감을 굴려도 좋습니다.

   "짜잔, 사자 나왔다." "○○이 앞에 사자가 있네."

5. 아이가 장난감에 관심을 보이고 눈으로 따라오면 장난감을 이리저리 움직여봅니다. 이때 아이가 장난감을 잡으려고 배밀이를 할 수도 있습니다.

   "잡아볼까?" "영차 영차."

- 끈이 달린 장난감은 끈이 단단하게 고정되어 있고 아이가 빨거나 씹어도 안전한 재질이 좋습니다.

- 이 시기 아이들은 시력이 아직 완성되지 않아서 사물이 멀리 있으면 정확하게 보기가 어렵습니다. 처음에는 아이의 시야에서 가까운 곳에 장난감을 놓고 놀이를 하다가 점점 그 반경을 넓혀가는 것이 좋습니다.

모자 벗기기 놀이

아이가 직접 해볼 기회를 주세요
"모자 여기 있네"

언어 자극 Point

- **모자와 관련된 어휘** 모자, 엄마 모자, 아빠 모자, 둥근 모자, 초록 모자 등

- **모자를 쓰고 벗는 행동과 관련된 어휘** 모자 써, 모자 벗어, 잡아, 당겨 등

- **아이를 칭찬하는 말** 잘했어, 영차 영차, 다했어, 우리 아이가 했네 등

준비물) 모자

1. 아이에게 모자를 보여줍니다. 모자를 만져보게 해도 좋습니다.
   "이건 모자야." "이건 엄마 모자, 이건 아빠 모자."

2. 엄마 아빠가 머리에 모자를 씁니다. 모자는 앞으로 챙이 길어서
   아이가 잡기 편한 것이 좋습니다.

"엄마가 모자 썼네." "머리에 썼어."

3. 아이 앞에서 엄마 아빠가 먼저 모자를 벗는 모습을 보여주고 다시 모자를 씁니다.

"모자 벗었네." "엄마가 모자 벗었지."

4. 아이에게 모자를 잡을 기회를 줍니다. 엄마 아빠가 고개를 살짝 숙여서 아이가 잡기 좋도록 해줍니다. 엄마가 모자를 쓰고 아빠가 아이의 손을 잡고 함께 잡기를 시도해도 좋습니다.

"○○이가 모자 잡아볼까?" "아빠가 도와줄게. 위로 당겨."

5. 아이가 모자 벗기기를 성공하면 칭찬해주고 격려해줍니다.

"잘했어. 우리 ○○이 최고!" "우리 ○○이가 해냈어."

Tip

- 모자를 여러 개 준비하는 것도 좋습니다. 아이가 잡는 모자의 질감이나 모양이 다양하면 아이에게 재미있는 경험이 됩니다.
- 이 시기 아이들은 아직 손 근육의 사용이 완벽하지 않습니다. 따라서 엄마 아빠가 모자를 쓸 때 완전히 푹 눌러쓰기보다는 머리에 모자를 얹는 정도로 가볍게 올려놓는 것이 좋습니다.

움직이는 장난감 잡기 놀이

천천히 움직이는 장난감을 활용해요
"잡아당겨보자"

- **장난감의 움직임과 관련된 어휘** 앞으로, 뒤로, 어디 갔지?, 저기 갔네 등

- **장난감을 잡는 행동과 관련된 어휘** 잡아, 잡았다 등

- **높이나 거리와 관련된 어휘** 높다, 낮다, 멀다, 가깝다 등

- **장난감 이름과 관련된 어휘** 빵빵, 붕, 멍멍 등(의성어 위주)

준비물 끈이 달린 자동차 장난감

1. 아이에게 자동차 장난감을 찾아보게 합니다. 엄마 아빠가 이마에
   손을 올리고 물건을 찾는 시늉을 해도 좋습니다.
   "빵빵이 어디 있지?" "저기 빵빵이 있네."

2. 아이가 끈을 잡아서 끌어당길 수 있도록 유도합니다. 당겨서 아이가 가까이에 올 수 있도록 합니다.

"영차 영차, 빵빵이 이리 온다." "○○이 가까이에 왔네."

3. 엄마 아빠가 자동차 장난감을 미는 모습도 보여줍니다. 아이의 시선에서 가까운 곳에 있던 자동차 장난감이 멀어지는 것을 보면서 인사말을 해줍니다.

"안녕~ 잘 가!" "멀리 갔네!"

4. 아이가 스스로 끈을 잡아당길 수 있도록 해줍니다. 장난감을 스스로 밀게도 해줍니다.

"우리 ○○이가 당겨볼까?" "밀어보자. 영차 영차."

Tip

- 아이는 끈을 당기거나 미는 과정을 통해 장난감이 이동하는 것을 보면서 자신의 행동이 다른 사물에 영향을 미친다는 사실을 알게 됩니다. 아이가 힘들어하면 엄마 아빠가 당기거나 미는 모습을 보여주거나 아이의 손을 함께 잡고 끌어도 좋습니다.
- 끈이 달려 있지 않아도 바퀴가 있거나 움직이는 장난감이면 무엇이든 가능합니다. 장난감에 실이나 끈을 매달아 사용해도 괜찮습니다.

장난감 빨기 놀이

안전한 장난감으로 시도해요

"쪽 쪽 쪽"

언어 자극 Point

- 빠는 행동과 관련된 어휘 쪽쪽쪽, 잡았네, 빨면서 놀아?, 빨고 있네 등

- 장난감을 고르는 행동과 관련된 어휘 이건 뭐지?, 어떤 게 좋아?, 한번 볼까? 등

- 장난감의 특성과 관련된 어휘 폭신해, 따뜻해, 딱딱해, 차가워, 부드러워 등

- 장난감 이름과 관련된 어휘 빵빵, 붕, 멍멍 등(의성어 위주)

준비물 아이가 좋아하는 장난감

1. 여러 가지 장난감을 하나씩 보여주면서 아이가 가지고 놀 장난감
   을 고르게 하거나 이름을 알려줍니다.

   "뭐가 나왔어?" "우아, 이게 뭐지?"

2. 아이에게 장난감의 크기, 모양, 촉감, 소리 등 특성을 알려주거나 자연스럽게 말을 걸면서 놀아줍니다.

"이건 어흥이. 털이 복슬복슬하네." "꿀꿀이 나왔다. 코가 동그랗네."

3. 아이가 자연스럽게 장난감을 향해 손을 뻗거나 장난감을 가지고 가면 행동을 살피면서 반응을 지켜봅니다. 아이가 장난감을 가져 갔다는 것은 그 장난감에 관심이 있다는 뜻입니다.

"어, 어흥이 잡았네." "꿀꿀이 가지고 놀고 싶었어?"

4. 아이가 장난감을 입으로 가져가서 빠는 행동을 한다면 이후에는 장난감을 충분히 탐색할 기회와 시간을 주도록 합니다.

"어흥이 골랐어?" "꿀꿀이 해볼 거야?"

> **Tip**
> - 아이가 가지고 노는 장난감은 안전해야 합니다. 아이가 물고 빨아도 문제가 없는 것을 선택합니다.
> - 아이가 엄마 아빠가 골라준 장난감에 크게 흥미를 보이지 않거나 다른 장난감을 가지고 놀겠다고 할 때도 있습니다. 이럴 때는 아이가 좋아하는 장난감을 충분히 가지고 놀 수 있도록 하는 것이 좋습니다.

장난감 숨바꼭질 놀이

눈앞에서 장난감을 감춰요

"어디 숨었지?"

언어 자극 Point

● **숨기는 행동과 관련된 어휘** 어디 숨었지?, 꼭꼭 숨어라 등

● **찾는 행동과 관련된 어휘** 어디에 있을까?, 찾았다, 까꿍 등

● **숨겨진 위치를 알려주는 말** 짜잔, 여기 있네, 통 안에 있었네, 이불 밑에 있었

네, 엄마 뒤에 있었어 등

준비물) 아이가 좋아하는 장난감, 이불

1. 아이를 범보 의자나 엄마 아빠 무릎에 기대어 앉게 합니다. 아이

가 좋아하는 장난감 2~3가지를 먼저 이불 위에 올려놓고 함께 가

지고 놀아봅니다.

"여기 칙칙폭폭이 있네." "칙칙폭폭이 달려갑니다."

2. 가지고 놀던 장난감 중 하나만 남기고 나머지는 이불 밑으로 숨깁니다. 또는 모두 숨겨도 좋습니다.

   "칙칙폭폭 어디 갔지?" "어디 갔는지 안 보이네. 어디 있을까?"

3. 아이에게 장난감을 찾는 듯한 모습을 보이면서 이불 밑을 보여줍니다. 그러고 나서 숨겼던 장난감을 하나씩 꺼내줍니다.

   "찾았다. 짜잔!" "우리 ○○이 칙칙폭폭이 여기 있네."

4. 이불 밑에 다시 한번 장난감을 숨기고 아이의 반응을 살펴봅니다. 아이가 이불을 들춰보려고 시도하거나 당기는지 관찰합니다.

   "이번에는 어디 갔지?" "우리 ○○이가 찾아볼 거야?"

Tip

- 장난감 숨바꼭질 놀이를 하면서 의성어와 함께 장난감이나 물건의 이름과 특성을 말해주는 것은 언어 자극의 기본입니다. "꿀꿀 돼지야", "하늘 위로 날아가는 슈웅 비행기네"와 같이 자연스럽게 알려주면 됩니다.
- 놀이 과정에서 아이가 이불을 입으로 빨 수 있습니다. 따라서 이불은 털이 너무 많지 않은 것이 좋습니다.

세상에 대한 호기심이 생겨요

7~12개월 발달 포인트

까꿍 놀이 • 악기 놀이 • 사운드북 놀이

거울 놀이 • 의성어 놀이 • 장난감 따라 움직이기 놀이

물건 하나씩 잡기 놀이 • 장난감 찾기 놀이

노래에 이름 넣기 놀이 • 포인팅 놀이

상자 열기 놀이 • 손가락으로 과자 먹기 놀이

인사 놀이 • 책 징검다리 놀이 • 옹알이에 반응하기 놀이

우리 아이, 이만큼 컸어요

이 시기 아이들은 자기를 둘러싼 상황이나 다른 사람과의 관계 속에서 다양한 경험을 합니다. 자신이 좋아하는 장난감이나 물건 등에 애착을 가지고 부모나 양육자를 제외한 사람들에게 낯을 가리기도 합니다. 싫어하거나 원하지 않는 것에 대해서는 거부하거나 고집을 피우는 반응도 시작됩니다. 아이의 언어 이해와 표현을 위해서는 부모의 다양한 언어 자극과 함께 아이가 반응할 수 있는 시간도 반드시 필요합니다. 그리고 아이에게 다양한 놀이를 제공해주는 것이 좋습니다. 이 시기 아이들의 발달 속도는 모두 다르기에 내 아이의 발달이 조금 빠를 수도, 조금 느릴 수도 있다는 사실을 기억하고 마음에 여유를 가져야 합니다.

발달 포인트 ① 아이의 움직임이 활발해진다

이 시기 아이들은 팔, 다리, 어깨, 허리 등의 근육이 강해지고 운동 발달이 빠르게 진행됩니다. 그래서 아이마다 약간의 차이는 있지만 혼자서 기고 앉고 설 수 있으며, 발달이 빠른 경우에는 걷기도 시작합니다. 특히 혼자 기어 다닐 수 있다는 것, 또는 (무언가를 잡고) 걸을 수 있다는 것은 아이의 발달에서 여러 가지를 의미합니다. 이런 움직임이 가능해짐에 따라 아이 스스로 원하는 방향으로 움직이고 주변 상황을 인식할 수 있게 된다는 점에서 매우 중요합니다. 아이는 이제 스스로 세상을 탐색할 수 있게 되었습니다. 따라서 부모는 이에 걸맞게 언어 자극을 해줘야 합니다. "이게 뭐야?", "어디로 가지?"와 같이 아이가 호기심을 가지고 주변을 탐색할 수 있도록 말해주면 됩니다. "지금 ~찾았네"와 같이 아이가 쳐다본 것이 무엇인지 말해주는 것도 좋습니다. 아이가 위험하지 않은 선에서 호기심을 가지고 세상을 탐색할 수 있도록 도와주세요.

발달 포인트 ② 친숙한 소리를 구분하고 소리를 모방한다

이 시기 아이들은 아주 작은 소리에도 반응할 수 있습니다. 엄마 아빠와 같은 양육자의 소리에는 친근한 반응을 보이며 좋아합니다. 또한 사람의 목소리를 듣고 모방을 시도합니다. 많이 들었던 사물의 소리(소방차나 경찰차 소리, 집 안의 가전제품 소리 등)들도 비슷한 억양으로 따라 합니다. 다른 사람이 말을 하거나 소리를 내는 것에도 관심을 기울입니다. 웃음과 울음 같은 표현 대신 음성과 손동작 등을 함께 하면서 다른 사람들과의 소통을 시도하고, 자신이 생각하고 원하는 것을 옹알이나 말과 함께 손가락으로 가리킵니다.

발달 포인트 ③ 호기심은 많지만 주의 집중 시간은 짧다

이 시기 아이들은 호기심이 많아져서 여러 가지를 끊임없이 탐색합니다. 따라서 한 가지 장난감을 오래 가지고 놀기 어렵습니다. 그렇기 때문에 한 가지 장난감을 가지고 놀다가 싫증 내고 다른 장난감을 꺼내거나 조작해보기도 합니다. 따라서 비싼 장난감보다는 아이가 편하게 가지고 놀 수 있는 장난감, 물고 빨고 던져도 크게 상관이 없는 안전한 장난감이 좋습니다.

대상영속성 개념이 발달한다

생후 8개월 정도부터 아이들은 자기 눈앞에 보이는 곳에서 사라지는 것을 찾아낼 수 있고, 그러한 활동을 매우 좋아합니다. 아이가 장난감을 보고 있을 때 이불 안에 감추면, 아이는 다시 이불 안에서 장난감을 찾아낼 수 있습니다. 손바닥으로 엄마 아빠 얼굴을 가렸다가 다시 보여주면 엄마 아빠가 없어졌다가 다시 나타났다고 생각하고 까르르 웃습니다. 12개월에 가까워지면서 아이들은 눈앞에 물건이 없더라도 그 물건이 다른 어딘가에 있음을 알고 찾을 수 있을 만큼 대상영속성 개념이 좀 더 확장됩니다.

첫 단어를 발화하거나 말과 비슷한 옹알이를 한다

이 시기 아이들은 이제 말을 시도합니다. 몇 가지 단어를 알아듣고 그에 따라 반응할 수도 있습니다. "안 돼"라는 말의 의미를 이해하고 행동을 멈추거나 울음을 터뜨리기도 합니다. '아아아', '아우아우' 하는 모음 위주의 옹알이 대신 '바바바', '다다다'와 같은 '자음+모음' 형태의 옹알이가 발달합니다. '엄마', '아빠'와 같은 단어를 처음 말하는 시기도 이때입니다. 이 시기 아이들의 말은 아직 완벽하지 않고 아이들에 따라 차이도 있지만, 이 무렵 아이의 옹알이를 들어보면 어른들의 억양과 비슷합니다. 즉, 본격적인 말을 준비하는 단계라는 점을 확인할 수 있습니다.

까꿍 놀이

손으로 얼굴을 가려주세요
"까꿍, 나와라"

- **까꿍 놀이와 관련된 어휘** 누구지?, 어디 있지?, 나왔네, 까꿍, 짜잔 등

- **까꿍 했을 때 나오는 것과 관련된 어휘** 엄마, 아빠, 사람 이름 등

준비물) 가릴 수 있는 보자기나 수건

1. 아이가 앉아 있거나 누워 있는 상태에서 손으로 엄마 아빠의 얼굴
   을 가립니다. 그러면서 숨겨진 무엇인가를 찾아야 한다는 이야기
   를 들려줍니다.
   "꼭꼭 숨어라. 어디에 있나?" "어디 있지?"

2. 아이의 반응을 살피면서 얼굴을 가린 손바닥을 펼쳐 아이에게 얼

굴을 보여줍니다.

"짜잔!" "아빠 나왔네."

3. 아이가 신나서 까르르 웃으면 한 번 더 시도해 반응을 또다시 유
도합니다.

"다시 한번 더 해볼까?" "한 번 더?"

4. 이번에는 손바닥 대신 보자기나 수건 등으로 얼굴을 가립니다. 얼
굴을 가리고 아이의 반응을 살펴봅니다.

"엄마가 어디 있을까?" "어디 갔지?"

5. 아이에게 보자기나 수건을 잡아당기게 합니다. 아이가 잡아당기
면 자연스럽게 보자기나 수건이 떨어지고 엄마 아빠의 얼굴이 보
이게 합니다.

"당겨볼까? 영차 영차!" "잡아보자."

Tip

- 이 시기 아이들은 까꿍 놀이를 좋아하고 즐겨 합니다. 따라서 이때는
아이와 소통하는 방법의 하나로 까꿍 놀이를 하면 좋습니다. 엄마 아
빠가 까꿍 하며 나올 때 아이와 눈을 마주치며 크게 웃어줍니다. 엄마
아빠가 자신을 보고 즐거워하고 환하게 웃는 표정이라면, 아이도 신

이 날 테니까요.

- 아이 스스로 까꿍 놀이를 시도하기도 하는데 그럴 때는 더욱 즐겁게 반응해주면 좋습니다.

악기 놀이

> 악기 소리를 알려주세요
> **"북은 둥둥둥"**

- **악기 소리와 관련된 어휘** 둥둥둥(북), 찰찰찰(탬버린), 챙챙챙(트라이앵글) 등
- **소리에 집중시키는 어휘** 들어볼까?, 이 소리네, 신기하다, 두드려 등
- **악기 장난감에 관심을 불러일으키는 어휘** 뭐지?, 뭐가 있지?, 꺼내볼까?, 소리가 나네, 흔들어볼까? 등

준비물 악기 장난감

1. 앉아 있는 아이에게 악기 장난감이 들어 있는 주머니나 상자를 보여줍니다. 아이가 주머니나 상자에서 관심 있는 악기를 고르거나 꺼내게 합니다.
   "뭐 꺼내볼까?" "어떤 걸로 놀고 싶어? 골라봐."

2. 아이가 고른 악기를 부모가 먼저 두드리며 소리를 내봅니다. 아이가 악기 소리에 좀 더 집중할 수 있도록 소리를 들어보라고 이야기해주는 것이 좋습니다.

"무슨 소리야?" "무슨 소리가 나지?"

3. 악기 소리를 말과 함께 연결해 들려줍니다. 아이는 악기 소리와 함께 말소리를 연결하면서 즐거운 놀이를 할 수 있습니다.

"북은 둥둥둥." "트라이앵글은 챙챙챙."

4. 아이에게 의성어와 악기 소리를 동시에 말로 들려주면서 그에 맞는 악기를 찾는 놀이도 해봅니다. 잘 찾지 못할 때는 엄마 아빠가 아이의 손을 잡고 함께 찾으며 "찾았다"라고 말해보는 것으로 충분합니다.

"찰찰찰, 어디 있지?" "여기 찾았네. 댕댕댕."

Tip

- 악기 소리의 의성어를 들려줬을 때 아이가 해당 악기를 잘 찾지 못하더라도 걱정하지 마세요. 이 시기 아이들은 아직 이해 언어가 충분하지 않습니다. 대신 아이가 성공의 경험을 할 수 있도록 소리를 들려주고 "어디 있지?"라고 말한 다음, 엄마와 아빠가 함께 "여기" 하면서 같이 찾고 손뼉을 치고 좋아하는 모습을 보여줍니다. 그러면 아이도

마치 자기가 찾은 것처럼 좋아할 테니까요.

- 악기 놀이를 할 때는 문구점에서 파는 초등학생용 악기 세트로도 충분합니다. 가지고 놀기에 가볍고, 소리를 있는 그대로 잘 들려줄 수 있는 악기로 아이와 재미있게 놀아줍니다.

사운드북 놀이

책으로 시청각을 동시에 자극해요
"무슨 소리인지 들어볼까?"

언어 자극 Point

- **책을 읽는 행동과 관련된 어휘** ~책 볼까?, 멍멍 책 어디 있지?, 여기 있네, 나와라, 같이 볼까?, 읽어볼까?, 다음은 뭐지?, 눌러, 꾹 등

- **책에서 나는 소리와 관련된 어휘** 돼지(꿀꿀), 고양이(야옹), 비행기(슈웅), 기차(칙칙폭폭) 등

준비물   사운드북

1. 아이를 편안한 자세로 앉히고 준비한 책을 보여줍니다. 아이가 누워 있을 때는 엄마 아빠가 옆에 같이 누워도 좋고, 아이를 엄마 아빠의 무릎에 앉힌 후 책을 읽어줘도 좋습니다.

   "우리 책 볼까?" "○○이 이야기 함께 읽어볼까?"

2. 아이에게 책을 읽어줄 때는 먼저 손가락으로 제목을 짚으며 말해 줍니다. 이 시기 아이들은 아직 글자는 모르지만 책 읽기의 가장 기초를 배우는 단계이므로 제목을 알려주거나 보여주는 것이 매우 중요합니다.

"같이 볼까? '어흥 나는 사자야'." "여기 볼까? '뛰뛰빵빵 자동차'."

3. 아이에게 사운드북에서 나는 소리를 들려줍니다. 이때 소리를 들려주기 전에 아이가 소리에 집중하거나 관심을 기울이게 합니다. 사운드북의 소리를 들려준 후에 관련된 의성어를 들려줘도 좋고, 반대 순서로 해도 좋습니다.

"무슨 소리인지 들어볼까?" "고양이 소리는 야옹. 눌러볼까? 야옹."

4. 사운드북에서 나는 소리를 들려준 후에는 책의 그림을 보여줍니다. 그림을 보며 동물에 대한 설명을 해준다거나 관련된 다른 이야기를 덧붙여 들려줍니다.

"어흥이 있네. 어흥, 아이 무서워!" "불이 났어요. 앵~ 출동!"

5. 아이의 시선을 따라가며 해당 페이지를 충분히 본 다음, 다른 내용으로 넘어갑니다.

"똑똑똑, 이번에는 누가 나올까?"

"멍멍, 나와라. 멍멍 소리 들려주세요."

6. 아이에게 사운드북의 버튼을 누를 수 있게 해줍니다. 이 시기 아이들은 아직 손가락 힘이 약해서 혼자 버튼을 누르기 어렵습니다. 따라서 아이가 손가락에 힘을 줘서 누를 수 있도록 엄마 아빠가 손을 잡고 도와줍니다.

"눌러보자. 꾹!" "○○이도 한번 해볼까?"

Tip

- 아이에게 책을 읽어주는 행위 자체가 문해력 발달의 시작입니다. 부모가 책을 읽어주는 모습을 보고 아이는 책 제목을 읽는 법, 책장을 넘기는 법, 위에서 아래로 글자를 읽는 법 등을 배웁니다. 무엇보다 아이와의 책 읽기는 즐겁고 재미있어야 한다는 사실을 기억하세요.
- 책을 읽을 때는 이야기의 흐름보다는 아이가 쳐다보거나 관심을 갖는 그림 위주로 보여주는 것이 좋습니다.

거울 놀이

아이와 함께 거울을 보고 말해요
"눈은 어디 있지?"

언어 자극 Point

- **신체와 관련된 어휘** 눈, 코, 입, 귀, 손, 발, 머리 등

- **거울에 비치는 모습과 관련된 어휘** 누구지?, 똑같네, 여기 있네, 나왔네, 짜잔, 엄마 손, 반짝반짝, 움직여 등

- **표정과 관련된 말** 웃어, 울어, 찡그려, 화나, 좋아, 신나 등

준비물) 거울

1. 아이에게 거울을 보여주고, 거울에 비친 자신을 바라보게 합니다.
   "누구야? 지금 누가 있어?" "짜잔, 우리 ○○이가 여기 있었네."

2. 실제 아이의 몸과 거울 속의 몸을 함께 보면서 아이에게 신체 부

위의 이름을 알려줍니다.

"눈이 어디 있지? 윙크~" "코코코코, 눈!"

3. 아이가 자신의 몸을 실제로 짚어보게도 하고, 거울에 비친 자신이
   나 엄마 아빠의 모습에서 신체 부위를 찾아보게도 합니다.

   "우리 ○○이 눈, 여기 있네." "눈 어디 있지? 입 어디 있지?"

4. 아이를 향해서 부모가 먼저 웃어줍니다. 아이도 함께 웃으면 마주
   보고 같이 웃어줍니다. 아이를 보고 웃으면서 그 표정에 이름을
   붙여 말해줍니다.

   "우리 ○○이 웃었어?" "엄마 보고 웃었네."

5. 아이가 짓는 표정을 감정과 관련된 어휘와 이어서 말해주고, 그렇
   게 생각한 이유도 말해줍니다.

   "우리 ○○이 웃네. 그렇게 기분이 좋아?"

   "기분이 나쁘구나. 얼굴을 찡그리고 있네."

6. 아이의 표정을 따라 부모도 표정을 바꿔봅니다. 반대로 아이가 엄
   마 아빠를 따라 해보게 해도 좋습니다.

   "같이해볼까?" "우리 둘이 똑같네."

- 이 시기 아이들은 거울 신경이 발달하면서 모방 행동이 증가합니다. 그 결과 다른 사람의 표정이나 행동을 따라 할 수 있습니다. 따라서 이 시기에는 거울을 활용한 다양한 활동을 함께할 수 있습니다.

- 거울 놀이는 다양한 신체 인지 활동이나 감정 활동과 연결이 가능합니다. 가령 로션을 손에 바른 뒤에 거울을 문질러 뿌옇게 만들고, 신체 부위가 거울 속에서 보였다 안 보였다 하는 놀이를 할 수 있습니다.

의성어 놀이

아직은 의성어가 더 편하게 들려요
"빵빵, 칙칙폭폭"

붕붕붕~!

언어 자극 Point

- **동물과 관련된 어휘** 꿀꿀, 음매, 꽥꽥, 어흥, 야옹, 히힝 등

- **교통수단과 관련된 어휘** 앵, 빵빵, 붕붕, 칙칙폭폭, 슈웅, 삐뽀삐뽀 등

준비물) 동물 인형이나 교통수단 장난감

1. 아이가 누워 있거나 앉아 있는 자세에서 자연스럽게 자동차 장난
   감을 보여줍니다. 의성어는 마지막에 다시 한번 강조하듯이 들려
   주는 것이 좋습니다.
   "어, 여기 빵빵 있네. 빵빵." "우아, 칙칙폭폭, 칙칙폭폭."

2. 아이가 장난감이나 인형을 잡으려고 손을 뻗거나 관심을 보이면

조금 더 기다리면서 다시 한번 의성어로 소리를 들려줍니다. 이때 "이리 와", "주세요" 등의 말과 연결하면서 손을 흔들거나 손을 모으고 달라는 신호를 하는 등 몸짓 언어와 함께 의성어를 들려줍니다.

"삐뽀삐뽀, 잡고 싶어? 삐뽀삐뽀 이리 와."

"슈웅, 여기 있네. 슈웅, 주세요."

3. 노래를 불러주면서 장난감을 가지고 놀아줍니다. 어휘를 말소리로만 듣는 것과 노래로도 듣는 것은 분명히 다른 언어 자극으로 작용합니다. 가능하다면 노래도 함께 들려줍니다.

"떴다 떴다 비행기, 날아라 날아라." "하얀 자동차가 삐뽀삐뽀."

Tip

- 이 시기 아이들의 청각적 기억력은 길지 않습니다. 따라서 아이에게 강조해야 하거나 꼭 들려줘야 할 단어는 문장의 가장 마지막에 들려주는 것이 좋습니다. 가령 의성어 '칙칙폭폭'을 아이에게 확실하게 들려주고 싶다면 "저기 기차다. 칙칙폭폭"과 같이 들려주면 됩니다.
- 이 시기 아이들은 아직 말은 잘하지 못하지만 의성어로 들려주는 동물이나 교통수단 소리에는 충분히 음성 수준에서, 즉 옹알이로 반응할 수 있습니다. 이때 아이가 소리를 내도록 도움을 주는 방법은 바로 기다림입니다. 아이에게 의미 있는 소리를 들려주고, 충분히 기다려주세요. 아이는 이내 소리를 내며 반응할 것입니다.

장난감 따라 움직이기 놀이

기거나 걸을 때 장난감을 앞에 두세요
"따라가자"

언어 자극 Point

- **장난감의 움직임과 관련된 어휘** 왔다 갔다, 흔들흔들, 떨어졌네, 데굴데굴, 앞으로 가네, 움직이네 등

- **움직이는 장난감을 잡기 위한 행동과 관련된 어휘** 잡아볼까?, 따라가자, 여기 잡아, 빨리 가자 등

준비물) 바퀴가 있거나 굴러가는 장난감

1. 아이가 앉아 있거나 엎드린 상태에서 좋아하는 장난감을 눈앞에서부터 보여줍니다. 보행기를 타고 있어도 좋습니다. 자신이 좋아하는 장난감이라면 아이는 더욱 움직임에 집중합니다.
   "○○이가 좋아하는 빵빵이 여기 있네." "여기 공이 있네."

2. 아이가 눈앞에 보여준 장난감에 관심을 보이면 장난감을 아이 쪽에서 점차 바깥쪽으로 천천히 굴려줍니다. 이때 아이의 시선이 장난감이 이동하는 방향으로 따라가는지 다시 한번 확인하면서 장난감을 움직여 멀리 가는 것을 보여줍니다.

"저기 간다." "데굴데굴."

3. 아이가 움직이는 장난감을 따라갈 수 있도록 조심스럽게 유도합니다. 이를 통해서 아이는 원하는 장난감을 얻기 위해 열심히 움직이게 됩니다.

"따라가자." "이제 다 왔어."

4. 아이가 장난감 가까이에 다가가서 장난감을 손으로 잡는다면 그 행동을 칭찬해주고 격려해줍니다.

"우아, 도착했다!" "○○이가 잡았네. 잘했어."

> **Tip**
> - 이 시기 아이들은 눈과 손, 몸의 협응이 가능합니다. 아이는 원하는 것을 얻기 위해 손을 뻗거나 움직일 수 있습니다. 따라서 아이의 움직임을 적극적으로 유도하는 다양한 활동을 진행합니다.
> - 장난감이 움직이는 방향은 어디에서부터 시작되어도 좋습니다. 위에서 아래, 왼쪽에서 오른쪽, 앞에서 뒤와 같이 아이의 시야 안에서 움

직이면 됩니다. 처음에는 천천히 움직이고, 아이 눈 또는 몸의 움직임

이 자연스러워지면 조금 더 빠르게 움직여도 됩니다.

물건 하나씩 잡기 놀이

양손에 하나씩 물건을 잡을 수 있어요
"하나씩 잡아봐"

언어 자극 Point

- **장난감을 잡는 활동과 관련된 어휘** 잡아, 흔들어, 떨어졌네, 없어졌네, 꺼냈다, 나왔다, 하나씩, 같이, 쏙 등

- **붙어 있는 장난감을 떼어내는 활동과 관련된 어휘** 잘라, 떼, 싹둑 등

- **장난감 이름이나 특성과 관련된 어휘** 빵빵, 어흥, 깡충깡충, 엉금엉금 등(의성어나 의태어)

준비물) 한 손에 잡기 편한 장난감

1. 아이를 편하게 앉힌 뒤, 좋아하는 장난감을 골라 하나를 먼저 보여줍니다.

   "짜잔, 여기 뭐가 있지?" "우리 ○○이가 좋아하는 빵빵이."

2. 한 장난감을 충분히 가지고 놀면 다른 장난감도 보여줍니다. 아이가 새로운 장난감에 관심을 보이면서 손에 쥐고 있던 장난감을 떨어뜨리면 떨어뜨렸다는 것도 이야기해줍니다.

"슈웅이 나왔다. 잡았다!" "빵빵이 떨어졌네."

3. 떨어뜨린 장난감을 주워서 다시 아이의 손에 쥐어줍니다. 부모가 양손에 장난감을 하나씩 들고 어떻게 노는지 직접 보여줍니다. 장난감의 이름을 각각 말해주면서 양손에 다른 것이 있다는 사실도 확인시켜줍니다.

"부딪히니까 소리가 나네." "이 손에는 빵빵이, 이 손에는 멍멍."

Tip

- 아이가 좋아하는 장난감 2개를 선택해야 양손에 하나씩 잡는 활동이 가능합니다. 이때 장난감마다 탐색할 수 있는 시간을 충분히 줍니다. 장난감 대신 양손에 좋아하는 과자를 들게 하는 것도 좋습니다.
- 물건 하나씩 잡기 놀이에서 벨크로 등을 붙였다 뗐다 하는 놀이로도 확장할 수 있습니다. 이 시기 아이는 아직 손가락 힘이 약하므로 조금만 힘을 줘도 떼어질 정도로 살짝 붙여놓는 것이 좋습니다. 도전 가능한 미션이어야 아이도 신나게 놀이에 참여합니다.

장난감 찾기 놀이

눈앞에서 숨겨진 것을 찾아요
"꼭꼭 숨어라"

언어 자극 Point

- **찾기와 관련된 어휘** 어디 갔지?, 찾아봐, 꼭꼭 숨어라, 다 숨었네, 찾았다, 여기 있네 등

- **위치와 관련된 어휘** 이불 안에, 엄마 뒤에, 상자 안에, 소파 위에 등

준비물 아이가 좋아하는 장난감

1. 앉아 있는 아이 앞에 장난감을 보여줍니다. 아이에게 장난감을 보여줄 때는 약간은 과장되게 재미있다는 표정을 지으며 이야기해 주는 것이 좋습니다.

   "이게 뭐야?" "○○이가 좋아하는 곰돌이네."

2. 장난감을 아이 앞으로 밀거나 뒤로 당기면서 보여줍니다. 또는 위에서 아래로 떨어뜨리거나 아래에서 위로 올려주는 등 아이와 자연스럽게 놀아줍니다.

   "여기 나왔다!" "어, 이쪽에서 나왔네."

3. 아이의 눈앞에서 이불 안이나 엄마 아빠의 등 뒤, 상자 안 등으로 장난감을 살짝 감춥니다. 방금까지 가지고 놀던 장난감이 사라지는 모습만으로도 아이는 장난감을 찾으려고 시도할 것입니다.

   "어, 없어졌네?" "꼭꼭 숨어라."

4. 아이와 함께 장난감을 찾아봅니다. 손을 이마 위로 올리고 찾는 시늉을 해도 좋고, 두리번거리거나 아이가 손가락으로 가리키는 방향을 쳐다보면서 찾는 모습을 보여줘도 좋습니다.

   "찾아보자." "어디 있지?"

5. 아이와 장난감을 찾은 후, 그 장난감을 어디에서 찾았는지 함께 이야기해봅니다. 장난감을 찾을 때도 엄마 아빠는 다소 과장된 몸동작이나 손동작을 하면서 아이가 장난감을 찾아낸 것을 격려해주고 칭찬해줍니다.

   "여기 있네. 찾았다!" "소파 위에 있었네. 잘 찾았다."

- 아이가 물건을 찾으며 손가락이나 손으로 가리킬 때 그에 맞는 언어 자극을 주는 것은 매우 중요합니다. 우선 아이가 가리키는 방향을 다시 한번 말해주고, "아, 거기에 똑딱똑딱 시계가 있네", "거기에는 맘마가 있어"와 같이 그곳에 있는 물건의 이름을 말해줍니다.

- 이 시기는 아직은 위치부사어(안, 밖, 위, 아래 등)를 정확하게 알기는 어려운 시기입니다. 아이의 언어 수준보다 다소 어렵다고 생각할 수도 있지만, 다양한 언어의 노출은 중요합니다. 7~12개월 아이들의 이해 언어는 부모들의 생각보다 다양하게 쌓이는 중입니다. 자연스러운 언어 노출이 충분히 가능한 때라는 점을 잊지 마세요.

노래에 이름 넣기 놀이

이름을 인식해요
"엄마는 ○○이를 사랑해"

언어 자극 Point

- **노래와 관련된 어휘** 노래 부르자, 둥가둥가, 춤춰볼까, 같이 등

- **이름 반응과 관련된 어휘** 아이의 이름, 아들/딸, 들었어?, 불렀어?, 돌아봤
  어?, 잘하네, 사랑해 등

준비물) 없음

1. 앉아 있는 아이의 손을 잡고 흔들며 노래를 불러줍니다. 아이를
   안아준 상태에서 노래를 불러도 좋습니다. 노래 가사를 그대로 불
   러줘도 좋지만 아이의 이름을 중간에 넣어 노래 가사를 살짝 바꿔
   서 불러줘도 좋습니다. 노래 가사에 맞춰서 아이를 안아주거나 아
   이의 눈, 코, 입 등을 짚어줘도 좋습니다.

"엄마는 ○○이를 사랑해." "엄마랑 ○○이랑 닮은 곳이 있대요."

2. 아이와 노래를 부를 때 손유희를 함께해도 좋습니다. 아이들은 노래를 부르거나 손유희를 하면서 엄마 아빠와 눈을 마주치고 웃는 순간을 가장 즐거워하기 때문입니다.

(손을 반짝반짝 움직이며) "반짝반짝 작은 별, 우리 ○○이 작은 별~"

(율동을 하며) "곰 세 마리가 한집에 있어, 아빠 곰 엄마 곰 ○○이 곰~"

Tip

- 노래에 이름 넣기 놀이는 평소에도 자주 해주면 좋습니다. 일상생활 속에서 아이의 이름을 자주 불러주면 아이가 자신의 이름을 빠르게 인식할 수 있습니다.

- 노래 속에 아이 이름을 넣어서 부를 때는 아이와 눈맞춤을 하며 밝게 웃어주는 것이 좋습니다. 아이가 노래 가사 속 자신의 이름을 인식하고 그것에 반응했을 때, 엄마 아빠가 밝은 표정을 짓는 모습을 보면서 엄마 아빠가 즐거워한다는 사실을 알 수 있습니다.

포인팅 놀이

의사소통의 기본을 배워요

"빵빵은 여기~"

언어 자극 Point

- **포인팅과 관련된 어휘** 여기, 저기, 와, 손가락, 만났네, 가리켰어, 저기 있네, 저거야? 등

- **가리키는 물건과 관련된 어휘** 까까(과자), 똑딱똑딱(시계), 맘마(우유) 등

준비물 없음

1. 아이를 안고 집 안 곳곳을 다니며 둘러봅니다. 엄마 아빠가 집 안의 물건을 손가락으로 가리키며 이름이 무엇인지 알려줍니다. 아이가 엄마 아빠가 가리킨 물건을 보며 옹알이를 하거나 관심을 보이면 한 번 더 이름을 알려줍니다.

"어디로 갈까?" "여기는 텔레비전이 있네."

2. 아이에게 손가락으로 물건을 가리키게 해봅니다. 아이의 손을 잡아서 손가락을 펴주고 방향이나 물건을 가리키게 해봅니다.

"손가락을 펴볼까?" "이거 가리켜볼까?"

3. 아이가 손가락으로 가리키는 방향대로 움직이면서 물건의 이름을 말해줍니다. 정확하게 가리킬 수 있도록 손가락 포인팅의 방향을 알려줍니다.

"빵빵이, 여기 있네." "여기 ○○이 맘마."

4. 아이를 안고 아이의 손가락이 가리키는 방향대로 움직여봅니다. 이는 아이에게 손가락 방향이 '원하는 것 또는 원하는 방향'이라는 것을 알게 하는 과정입니다.

"우리 가볼까?" "여기에는 뭐가 있지?"

Tip

- 이티^{E.T.}처럼 손가락 부딪히기도 재미있게 할 수 있는 놀이입니다. 처음에는 아이가 손가락을 움직이지 않더라도 아이의 손가락에 엄마 아빠의 손가락을 맞대기만 해도 됩니다. 엄마 아빠가 손가락을 내밀 때는 그냥 내밀기보다는 마치 비행기가 날아오는 것처럼 손가락을 움직여보세요. 아이가 더욱 재미있어할 것입니다. 이 놀이에 익숙해지면 아이가 자신의 손가락을 움직여 엄마 아빠의 손가락과 마주치는 놀이

도 가능해집니다.

- 이 시기 아이들은 손가락을 분리해서 움직일 수 있습니다. 포인팅 놀이는 아이가 손가락을 좀 더 원활하게 움직일 수 있도록 도와줍니다. 덕분에 소근육 발달이 이뤄지고 이는 인지와 두뇌 발달에도 긍정적인 영향을 미칩니다.

상자 열기 놀이

물건을 찾을 수 있어요
"어디 있지?"

언어 자극 Point

- **여는 활동과 관련된 어휘** 똑똑똑, 열어, 열어볼까?, 해볼까?, 안 열리네, 열어
  줘, 영차 영차, 같이하자 등

- **상자에 들어 있는 장난감과 관련된 어휘** 짜잔, 우아, 찾았다, ~있었네, 나왔
  다, 여기 있네 등

준비물) 뚜껑이 있는 상자, 아이가 좋아하는 장난감

1. 뚜껑이 있는 상자를 준비합니다. 상자 안에는 아이가 좋아하는 장
   난감을 미리 몇 개 넣어둡니다. 아이가 앉아 있을 때 상자를 보여
   줍니다. 상자를 보여주기 전에 상자를 흔들어서 소리를 듣게 하는
   것도 좋습니다.

"뭐가 있을까?" "뭐지?"

2. 아이 앞에서 엄마 아빠가 먼저 상자 뚜껑을 열어보고 신기한 물건이 들어 있다는 듯이 놀라는 모습을 보여줍니다. 만약 불투명한 플라스틱 통을 사용한다면 통 밖에서 안을 들여다보듯이 봐도 좋습니다.
"우아, 안에 칙칙폭폭이 있어." "어머나, 신기하다!"

3. 상자를 열어볼 기회를 아이에게 먼저 줍니다. 아이 스스로 상자를 열지 못한다면 엄마 아빠가 함께 열어봅니다. 처음에는 엄마 아빠도 상자를 잘 열지 못하는 모습을 보여주는 것이 좋습니다.
"○○이가 열어볼까?" "엄마도 안 되네. 왜 안 되지?"

4. 엄마 아빠가 "열어"라고 말하면서 상자를 여는 모습을 보여줍니다. 이윽고 상자를 열어 장난감을 하나 정도 꺼내서 상자 안에 재미있는 것이 들어 있음을 알려줍니다.
"열어. 우아, 열었다!" "안에 삐뽀삐뽀가 있네?"

5. 이제는 아이의 차례라는 것을 알려주면서 아이 쪽으로 상자를 보여줍니다. 엄마 아빠가 "열어"라고 말하면서 아이가 반응하는 소리를 낼 수 있도록 기다려줍니다. 아이가 모방 시도를 하면서 소

리를 낸다면 칭찬해주면서 상자 뚜껑을 열어줍니다.

엄마: "열어." (기다려주기)

아이: "아아~"

엄마: "열어. 우리 아기, '열어' 했어. 맞아. 상자가 열렸네."

Tip

- 이 시기 아이들은 손 조작이 차차 좋아져서 열거나 돌리는 활동들을 조금씩 시도할 수 있습니다. 이는 아이의 소근육이 발달 중이라는 증거입니다. 아이가 적극적인 탐색 활동을 할 수 있도록 격려해주세요.

손가락으로 과자 먹기 놀이

스스로 해볼 기회를 주세요

"먹어보자"

언어 자극 Point

- **먹기와 관련된 어휘** 까까, 냠냠, 먹어, 잘라, 꿀꺽, 먹어볼까?, 삼켜볼까? 등

- **맛과 모양과 관련된 어휘** 동그랗다, 네모나다, 길다, 작다, 크다, 바삭바삭, 달콤해, 맛있다 등

- **잡는 행동과 관련된 어휘** 손, 손가락, 잡아볼까?, 잡았네, 꺼내, 혼자 했어 등

준비물) 과자, 과자를 담을 그릇

1. 앉아 있는 아이에게 과자가 담긴 그릇을 보여줍니다. 과자 그릇을 완전히 보여주기 전에 그릇을 등 뒤로 감춰서 무엇이 있는지 궁금하게 만들거나 흔들어서 소리가 나게 해 아이의 호기심을 자극하는 것이 좋습니다.

"이게 뭘까?" "○○이 좋아하는 냠냠이 들어 있어. 이게 뭐게?"

2. 아이에게 과자를 보여줍니다. 관심을 보이면 모양이나 크기 등을 말해줍니다.

"우아, 동그라미다." "별 모양 과자네."

3. 아이가 손가락으로 과자를 잡을 수 있도록 엄마 아빠가 먼저 시범을 보여줍니다.

"과자를 잡았어." "우아, 바삭바삭 맛있다."

4. 아이가 손가락으로 과자를 잡아서 먹도록 격려해주고 잘해냈다면 칭찬해줍니다. 제대로 먹지 못해서 주위에 흘리더라도 혼자 스스로 해볼 기회를 주도록 합니다.

"우리 ○○이가 과자를 잡았네." "먹어볼까? 냠냠~"

Tip

- 과자뿐만 아니라 아이가 무언가를 먹을 때 이 놀이를 활용하면 좋습니다. 특히 손으로 집을 수 있는 핑거 푸드 형태의 간식을 먹을 때, 앞에서와 같은 방법으로 언어 자극을 주면서 손가락으로 집어 먹는 놀이를 하면 좋습니다.

- 플라스틱 통을 사용하면 상자 열기 놀이처럼 "뭐가 들어 있을까?",

"열어보자"와 같은 다양한 어휘 자극을 함께 줄 수 있습니다.

- 아이가 엄지와 검지로 과자를 집도록 유도해보세요. 엄마 아빠가 엄지와 검지를 붙였다 떼었다 하는 모습도 보여줍니다.

인사 놀이

엄마가 먼저 보여주세요
"안녕"

언어 자극 Point

- **인사와 관련된 어휘** (손동작이나 고개 숙이는 동작과 함께) 안녕, 빠빠이, 또 만나,

  잘 가, 반가워 등

- **인사 상황과 관련된 어휘** 아빠 왔네, 인사해, 만났어, 이제 (집에) 간대, 정리하

  자, 끝났어, 그만해 등

준비물 없음

1. 출근 또는 외출을 하는 엄마 아빠가 아이에게 상황을 간단하게 설

   명해줍니다.

   "아빠, 회사 갈 거야." "엄마, 나갔다 올게."

2. 아이와 함께 손을 흔들며 인사합니다. 이때 인사하는 말소리를 들려주고 손을 흔들면서 인사하면 더 좋습니다. 처음에 아이가 혼자서 손을 잘 흔들지 못할 때는 엄마 아빠가 아이의 손을 잡고 같이 흔들어줍니다.

   "빠빠이~" "잘 갔다 와!"

3. 인사를 여러 번 시도하다 보면 어느 순간 아이는 완벽하지 않더라도 헤어지는 상황에서 혼자서 손을 흔들게 됩니다. 그때는 잘했다고 칭찬해주면서 아이의 행동을 강화해주는 것이 좋습니다.

   "우아, 우리 ○○이 빠빠이 했어?" "엄마, 잘 다녀오세요, 했네?"

4. 엄마 아빠가 나갔다가 다시 돌아오면 아이에게 엄마 아빠가 돌아왔다는 것을 알려줍니다. 초인종 소리로 알려줄 수도 있고, 문을 열고 들어오면서 돌아왔다는 것을 말해줄 수도 있습니다. 소리가 났을 때 아이가 반응할 수 있는데, 그 상황에서 누군가 왔음을 알려줍니다.

   "누가 왔네. 누구지?" "아빠 왔다!"

5. 아이가 엄마나 아빠에게 인사를 하도록 유도합니다. 인사하는 말과 함께 고개를 숙여서 인사하는 행동도 보여줍니다. 처음에는 엄마 아빠가 아이의 고개를 잡고 숙이도록 도와주는 것이 좋습니다.

아이는 엄마 아빠가 고개를 숙이는 모습을 보고 행동 모방을 시도할 것입니다.

(고개를 숙이며) "안녕하세요." "반가워. 어서 와요."

Tip

- 인사 놀이는 아이가 '만나거나 헤어지는' 상황을 이해하는 데 큰 도움을 줍니다. 그리고 인사를 통해서 헤어지더라도 다시 만난다는 것을 인지적으로 알게 됩니다. 장난감을 정리할 때도 인사를 하는 과정을 거치면서 정리 시간을 알려줄 수 있습니다.

- 인사를 한 다음에는 몇 초간 기다리는 시간을 가지고 아이 스스로 인사할 기회를 주는 것이 좋습니다. 아이에게 기회를 줬는데도 스스로 해내지 못하면 엄마 아빠가 도와주도록 합니다.

- 이 시기 아이들은 간단한 언어적 지시를 따르고 이해할 수 있습니다. 사회적 의사소통의 첫 단계인 인사는 매우 중요한 언어적 지시이자 소통 수단입니다. 처음에는 부모가 아이에게 말로 시키는 상황에서 인사를 하게 되지만, 나중에는 시키지 않아도 상황에 맞게 인사를 할 수 있게 됩니다.

책 징검다리 놀이

한 발 한 발 앞으로 걸어요
"하나 둘, 하나 둘"

언어 자극 Point

- **걷기와 관련된 어휘** 가볼까, 같이 가, 건너, 넘어가, 손잡아, 앞으로, 한 발 한 발, 출발, 도착, 힘내라 등

- **책의 형태와 관련된 어휘** 크다, 작다, 네모나다, 두껍다 등

- **책 징검다리 만들기와 관련된 어휘** 길어졌어, 만들어, 연결해, 퐁당퐁당, 길이 됐어 등

준비물   보드북 여러 권

1. 놀이를 하기 전에 앉아 있는 아이에게 책으로 다리를 만들 것이라고 먼저 알려줍니다. 아이가 '다리'가 뭔지 아직 잘 모를 수도 있으므로 미리 책이나 그림으로 보여주는 것도 좋습니다. '다리'의 뜻

을 잘 모르더라도 놀이를 하는 데는 크게 상관없습니다.

"○○이 다리 건너볼까?" "우리 걸어보자."

2. 아이와 다리를 만들기 전에 미리 책의 모양이나 크기에 대해서 이 야기해봅니다. 책의 표지에 나온 그림이 무엇인지 말해봐도 좋습 니다. 이 과정은 다리를 만들 때 도움이 될 뿐만 아니라 아이가 책 에 관심을 갖게 하는 데도 큰 도움이 됩니다.

"여기에는 어흥이 있네." "네모 모양이야."

3. 이야기 나눈 책을 하나씩 하나씩 나란히 놓아서 다리로 만들어봅 니다. 책 크기는 같아도 좋고, 달라도 상관없습니다. 단, 아이가 책 위를 걸어야 하므로 가급적 두껍고 단단한 보드북이 좋습니다. 처 음에는 책 사이를 띄우지 않고 하나의 줄처럼 연결합니다.

"다리 만들자." "다리가 길어졌어."

4. 아이의 한 손 또는 양손을 잡아주고 책 징검다리를 건너게 합니 다. 아이가 혼자 걸을 수 있더라도 책 위를 건너야 하므로 손을 잡 아주는 것이 좋습니다. 끝까지 잘 걸어서 도착하면 안아주면서 칭 찬해줍니다.

"엄마 손잡고 하나 둘, 하나 둘." "다 건넜다!"

5. 책 징검다리를 두 번째 건널 때는 아이가 밟는 책의 표지에 그려진 그림이 무엇인지 이야기해줍니다. 나비 책을 밟으면 "나비", 사과 책을 밟으면 "사과"라고 말해주는 것입니다.

"이번 책은 기린." "어, 꿀꿀 돼지네."

6. 아이가 책 징검다리를 잘 건너면 책과 책 사이의 거리를 살짝 떨어뜨려봅니다. 이번에도 아이의 손을 잡고 책 징검다리를 건널 수 있도록 도와줍니다.

"이제 건너가볼까?" "조심조심, 잘했어!"

Tip

- 12개월에 가까워지면서 아이는 혼자 걸을 수 있거나 조금만 도와주면 걸을 수 있게 됩니다. 하지만 책 위를 혼자서 폴짝폴짝 뛰어 건너지는 못합니다. 꼭 엄마 아빠의 손을 잡고 천천히 건널 수 있게 도와줍니다.
- 아이가 건널 다리를 만들겠다고 책장에 있는 책을 일부러 꺼내기보다 아이와 함께 책을 여러 권 읽은 후에 그 책으로 다리를 만드는 순서가 더 좋습니다. 놀이를 위해 책을 꺼내야 한다면 이미 읽은 책을 활용하는 편이 더 편할 뿐만 아니라 아이 입장에서도 자신이 이미 본 책이기 때문에 좀 더 친숙함을 느끼며 놀이에 참여할 수 있습니다.

옹알이에 반응하기 놀이

아이의 감정에 반응해주세요
"우리 ○○이 기분이 좋구나"

언어 자극 Point

- **감정과 관련된 어휘** 기분 좋아, 행복해, 슬퍼, 화나, 기뻐, 신나, 좋아 등

- **상태와 관련된 어휘** 배고파, 배불러, 목말라, 졸려, 더워, 시원해 등

준비물) 아이가 좋아하는 인형

1. 앉아 있는 아이에게 인형을 보여줍니다. 아이가 인사하듯이 옹알
   이를 하면 인형과 서로 인사를 나누게 합니다.
   "안녕, 어흥아." "나비야, 반가워."

2. 인형이 넘어지거나 아픈 상황 또는 엄마를 찾는 상황임을 말해주
   면서 인형을 들고 우는 소리를 냅니다. 이와 더불어 아이에게 상

황에 맞는 감정 어휘를 말해줍니다.

"엉엉, 기린이 슬프대." "야옹이가 울고 있네. 아픈가 봐."

3. 다치거나 아픈 상황일 때 아이가 해야 할 행동에 대해서도 이야기 해주고, 엄마 아빠가 모델링을 해줍니다. 이에 대한 반응으로 아이가 말하듯이 옹알이를 하거나 몸짓으로 따라 하면 칭찬해줍니다.
"여기 아프겠다. 호~ 해줘." "꼭 안아주자."

> **Tip**
> - 아이는 자신이나 다른 사람의 감정을 아직 잘 모르고, 그것을 무엇이라고 말해야 하는지도 잘 모릅니다. 이럴 때 필요한 것이 바로 부모의 모델링입니다. 아이 앞에서 감정이나 기분에 대한 어휘를 자주 써주고 다양한 표정과 함께 보여주세요.
> - 옹알이를 듣고 감정이나 상태를 읽어주는 것은 아이에 대한 관심과 관찰에서 시작됩니다. 아이가 옹알이로 표현하기 전에 어떤 일이 있었는지, 어떤 상황이었는지 등을 잘 살펴보세요.

여러 가지 도전을 시작해요

13~18개월 발달 포인트

소리 찾기 놀이 • 오르락내리락 놀이 • 똑같다 놀이

표정 놀이 • 코코코 놀이 • 촉감 놀이 • 버튼 누르기 놀이

종이 놀이 • 인형 냠냠 놀이 • 다리 건너기 놀이

공 주고받기 놀이 • 목욕 놀이 • 동물 가면 놀이

미끄럼틀 놀이 • 노래와 함께 멈추기 놀이

우리 아이, 이만큼 컸어요

이 시기 아이들은 엄마 아빠의 손을 잡고 아장아장 걷기 시작합니다. 또한 '엄마'와 같은 첫 단어를 의미 있게 발화하기 시작하고 다른 단어도 말하는 등 언어 발달이 폭발적으로 이뤄집니다. 혼자서 걷기가 가능하다는 것은 운동 기능의 발달이 본격적으로 이뤄진다는 의미이자 아이의 눈앞에 새롭게 탐색하고 접근할 수 있는 세상이 펼쳐진다는 뜻이기도 합니다. 이 시기 아이들은 엄마 아빠의 다양한 행동을 보고 바로 모방합니다. 가령 전화를 귀에 대고 통화하는 시늉을 한다거나 청소하는 흉내를 내기도 하지요. 부모는 활동 반경이 늘어난 아이를 위해 집 안의 위험한 요소들을 없애서 아이가 집 안 구석구석을 탐험할 수 있는 환경을 만들어줘야 합니다.

발달 포인트 ① 운동 기능이 눈에 띄게 발달한다

이 시기 아이들은 팔다리의 움직임을 좀 더 계획적으로 할 수 있고 몸을 움직이는 활동이 더욱 자유로워집니다. 엄마 아빠의 손을 잡지 않고 여기저기를 탐색하러 돌아다니기도 하고 원하는 물건을 가지고 오기도 합니다. 그래서 주변의 물건을 쉽게 어지르는 것처럼 보이지만, 아이는 끊임없이 자신을 둘러싼 세계를 살펴보고 탐색하는 중이라는 사실을 잊지 마세요.

발달 포인트 ② 주변을 관찰하고 모방한다

이 시기 아이들은 엄마 아빠가 하는 일을 유심히 관찰합니다. 엄마 아빠가 무언가를 할 때 눈빛을 빛내며 엄마 아빠의 행동을 관찰하고 집중합니다. 행동을 모방하는 시간과 속도도 빨라져 즉각적인 모방이 많아집니다. 그리고 그것을 기억했다가 적재적소에서 딱 맞게 활용하기도 하고, 비슷하게 따라 하는 모습을 보여주기도 합니다. 신문을 읽는 시늉을 한다거나 평소 엄마 아빠의 억양을 비슷하게 따라 하면서 통화하는 모습은 때로 어른들의 웃음을 자아냅니다.

발달 포인트 ③ 상징 놀이가 많아진다

이 시기 아이들은 놀이 과정에 엄마 아빠와 함께하는 것을 좋아합니다. 엄마 아빠에게 도움을 구하거나 함께 놀기 위해 "엄마", "아빠"라고 부르거나 손을 잡아끌기도 합니다. 이 시기 아이들은 간단한 사물을 기능에 맞게 쓸 수 있습니다. 고개를 들고 머리를 빗는다거나 칫솔을 들고 이를 닦는 시늉도 충분히 가능합니다. 엄마 아빠와 목욕 놀이, 의사 놀이 등 간단한 놀이를 함께할 수 있습니다.

발달 포인트 ④ "~어디 있어?"라는 질문에 대답하거나 손가락으로 가리킬 수 있다

이 시기 아이들은 이해 언어가 점점 늘어납니다. "엄마, 어디 있어?", "강아지, 어디 있어?"와 같은 간단한 질문에 손가락으로 그 위치를 가리키거나 "이게 뭐야?"

하는 질문에 정확히 대답하기도 합니다. 한 단어 수준의 간단한 단어를 모방하거나 스스로 말하기도 합니다. 신체 부위를 알고 표현할 수 있어서 물어보면 눈, 코, 입, 귀 등을 가리키며, 질문에 '네/아니요' 형태의 대답도 가능해집니다.

발달 포인트 ⑤ 단어로 말하기 시작한다

이 시기 아이들은 점차 타인과 의사소통하기 위해 말의 표현에 관심을 보입니다. 돌이 지나면서부터 '엄마', '아빠', '맘마' 등 한 단어를 사용해서 말하기 시작합니다. 특정한 사물이나 행동을 단어와 연결하는 것을 배워서 "빠빠이"라고 말하며 손을 흔들 수도 있습니다. 그러나 아직 표현의 일관성이 부족해 "이리 와"라는 말을 듣고는 손을 흔들기도 하고, 어떤 때는 들어도 못 들은 것처럼, 또는 모르는 것처럼 가만히 있기도 합니다. 즉, 이 시기 아이들은 같은 단어에 대해서도 어떤 상황에서는 반응하거나 표현하는데, 또 다른 상황에서는 그러지 못하기도 합니다.

소리 찾기 놀이

소리를 탐색할 수 있어요
"어디에서 들려?"

언어 자극 Point

- **소리와 관련된 어휘** 딸랑딸랑, 따르릉, 뿌뿌 등(소리 나는 장난감의 소리)

- **소리 찾기와 관련된 어휘** 무슨 소리지?, 어디에서 들려?, 들리니? 등

- **소리의 크기나 방향과 관련된 어휘** 앞에 있네, 크게 들려, 가까이에서 들려,
  점점 멀어져, 위에서 들리네, 안에 있나? 등

준비물) 소리 나는 장난감

1. 아이가 앉아 있을 때 장난감을 보여줍니다. 누르거나 조작해서 소
   리가 나는 장난감을 보여주고 그 소리를 들려줍니다.
   "이 장난감에서 소리가 나네." "무슨 소리지? 재미있는 소리야."

2. 장난감에서 나는 소리를 흉내 내봅니다. 아이가 소리를 비슷하게 따라 할 기회를 주는 것이 좋습니다.

   엄마: "삐삐 삐삐~ 우아, 소리 나네. 삐삐~" (기다려주기)

   아이: "이~"

3. 숨긴다는 것을 미리 말하고 아이가 볼 수 없는 곳에 장난감을 숨깁니다. 숨긴 후에 다시 장난감에서 소리가 나도록 켜둡니다.

   "이제 빵빵이 숨길게." "엄마가 빵빵이 어디에 둘까?"

4. 아이에게 조금 전에 봤던 소리 나는 장난감을 찾아보자고 권합니다.

   "장난감이 어디 있지?" "어디에서 소리가 나지?"

5. 아이가 소리를 찾아서 기어가거나 걸어가게 유도합니다. 손을 잡고 같이 움직여도 좋습니다.

   "우리, 장난감을 찾아가자." "○○이가 한번 가볼까?"

6. 아이가 찾아가는 방향이 맞는지 확인해주면서 같이 찾아갑니다.

   "앞으로 가볼까?" "방 안에서 소리가 들리네. 문 열어볼까?"

7. 아이가 장난감을 잘 찾아내면 잘했다고 칭찬해주고 격려해줍니다.

   "잘했다!" "우리 ○○이, 잘 찾았네!"

Tip

- 장난감을 미리 숨긴 후 소리를 찾아가는 놀이를 해도 좋습니다. 아이가 소리를 찾아갈 수 있도록 유도합니다.

- 아이가 소리를 찾으면 "이건 무슨 소리지?" 하고 그 소리가 무엇인지 맞혀보게 해도 좋습니다. 아이가 아는 소리라면 스스로 말할 수 있을 것입니다.

오르락내리락 놀이

계단이나 소파를 올라가고 내려갈 수 있어요
"올라가, 내려가"

언어 자극 Point

- **올라가고 내려가는 행동과 관련된 어휘** 위로, 올라가, 아래로, 내려가 등
- **활동을 격려하는 어휘** 영차 영차, 힘내라, 해보자, 조심조심, 잡아줘 등

준비물) 없음

1. 소파나 계단처럼 올라갈 수 있는 곳에 아이를 데리고 갑니다. 아이가 올라가는 것에 관심을 보이지 않으면 인형이나 장난감이 올라가는 모습을 예시로 보여줍니다.
"곰돌이가 올라가네." "우리 ○○이도 해볼까?"

2. 아이가 올라가는 시도를 하면 옆에서 도와주면서 "올라간다"라고

말을 붙여줍니다. 혼자 올라가기 힘들어하면 소파나 계단 위로 안아 올려주면서 말해도 됩니다.

"영차 영차, 올라간다." "도와줄까? 같이해볼까?"

3. 소파나 계단에 올라간 뒤에는 아이를 다시 내려오게 합니다. 만약 혼자 내려오지 못하거나 운다면, 아이를 안아 내려오게 하면서 이야기해도 충분합니다.

"어흥이처럼 내려와볼까?" "이제 밑으로 내려가자."

4. 아이가 내려가는 시도를 하면 "내려간다"라고 말을 붙여줍니다. 올라가는 것보다 내려가는 것을 좀 더 어려워하는 아이들이 많기 때문에 옆에서 도와줘도 됩니다.

"조심조심. 아래로 내려와." "엄마가 안아줄까? 도와줘?"

5. 아이가 소파나 계단을 올라가거나 내려가는 활동을 마치면 아이를 칭찬해주고 격려해줍니다.

"와, 올라갔다! 잘했어." "해냈어!"

- 이 시기 아이들에게 중요한 어휘 중 하나는 동사입니다. 소파나 계단을 오르락내리락하는 활동을 통해서 아이에게 이와 관련된 동사를 다양하게 들려줄 수 있습니다. 동사는 움직이는 활동을 하지 않으면 제대로 된 언어 자극을 주기 어려운 어휘이기 때문에 움직임이 있어야 언어 자극이 가능합니다.

- 아이가 아직 혼자서 소파나 계단을 올라가거나 내려가기 어려울 수도 있습니다. 그럴 때는 옆에서 도와주거나 안아서 올려주거나 내려주면서 동사 어휘를 충분히 알려주면 됩니다.

똑같다 놀이

실제와 모형을 연결할 수 있어요
"이거랑 이거랑 똑같다"

언어 자극 Point

- **'같은 것'을 찾도록 도와주는 말** 똑같다, 같아, 찾아봐, 어디 있지?, 생각해볼까? 등

- **실제 이름과 그림을 연결하는 말** 이거 봤어?, 어디 있었지? 등

- **찾았을 때 칭찬하는 어휘** 찾았다, 이거네, 잘했다, 맞아, 멋지다, 최고 등

준비물 그림책

1. 앉아 있는 아이에게 책을 보여줍니다. 평소처럼 책을 자연스럽게 읽어주면 됩니다.

   "같이 책 보자." "이 책 볼까?"

2. 아이와 함께 그림을 위주로 살펴보도록 합니다. 책에 등장하는 사물의 이름을 말해주고 책 속의 그림에서 찾아보게 합니다. 처음에 아이가 잘 찾아내지 못하면 엄마 아빠가 손가락으로 직접 가리키면서 가르쳐줍니다.

"똑딱똑딱, 어디 있지?" "여기 앵~ 소방차, 여기 있네."

3. 처음에는 아이에게 찾아볼 것을 이야기합니다. 그러고 나서 엄마 아빠도 같이 두리번거리며 찾는 시늉을 합니다.

"똑딱똑딱 시계를 찾아보자." "앵~ 같은 거 찾아보자."

4. 잘 찾아내지 못하면 아이와 함께 "여기?", "여기" 하면서 손가락으로 가리키며 찾아봅니다. 책의 그림과 실제 사물을 나란히 놓고 보여주는 것도 좋은 방법입니다.

"여기 있네. 찾았다!" "이거랑 이거랑 똑같다."

Tip
- 아이에게 일상 사물을 그림책이나 그림에서 찾게 하는 것도 좋습니다. 처음에는 아이가 잘 찾아내지 못해도 '똑같은 것을 찾을 수 있는' 기회를 주고, 의도적으로 "똑같다"라는 말을 충분히 들려주면 됩니다.
- 이 시기 아이들에게는 그림책을 있는 그대로 읽어주지 않아도 괜찮습니다. 아이의 눈길이 가는 것, 아이가 관심을 가지는 것 위주로 그림

책 속 그림을 자세히 보여주고 함께 집중하면서 이야기를 충분히 해 주면 됩니다.

표정 놀이

서로 같은 표정을 지어요

"우리 웃어볼까?"

언어 자극 Point

- **표정과 관련된 어휘** 웃어, 울어, 눈 감아, 눈 떠, 예쁜 짓, 윙크, 찡긋 등

- **감정과 관련된 어휘** 기뻐, 슬퍼, 귀여워, 예뻐, 화나, 속상해 등

- **따라 하며 하는 말** 따라 해볼까?, 같이해볼까?, 표정이 똑같네 등

준비물 없음

1. 아이와 마주 보고 앉아 표정과 관련된 어휘를 먼저 들려줍니다.

   그리고 나서 아이가 특정 표정을 지을 수 있도록 유도해봅니다.

   "○○아, 우리 웃어볼까?" "우리 ○○이, 예쁜 짓!"

2. 아이가 말을 듣고 표정을 바꾸면 칭찬하고 격려해줍니다.

"우아, 맞았어." "우리 ○○이가 웃었네."

3. 만약 아이가 잘하지 못하면 엄마 아빠가 먼저 시범을 보여줍니다. 함께 거울을 보면서 같은 표정을 지어도 좋습니다.

(활짝 웃으며) "웃는 표정은 이거." (윙크하며) "우리 ○○이, 윙크!"

4. 아이가 표정을 따라 하면 칭찬해줍니다. 이때 더 크고 과장되게 엄마 아빠가 표정을 지어도 좋습니다.

"맞아. 아, 예쁘다." "정말 잘했어. 잘 웃네."

> **Tip**
> - 아이에게 표정과 함께 그 표정이 의미하는 감정 어휘를 들려주면 더 좋습니다. 표정을 모방할 기회를 주고 그 표정이 어떤 감정인지 말해 주는 것은 아이의 정서 발달에 중요합니다.
> - 아이와 부모가 서로의 표정을 모방하면서 즐겁게 표정 주고받기 놀이 를 하면 긍정적인 감정을 나눌 수 있어 관계에 도움이 됩니다.

코코코 놀이

신체 이름을 알려주세요

"눈, 코, 입"

언어 자극 Point

- **신체와 관련된 어휘** 눈, 코, 입, 귀, 손, 발, 팔, 다리 등

- **다른 사람의 신체와 관련된 어휘** 엄마 눈, 아빠 코, 뽀로로 입 등

준비물) 없음

1. 아이와 얼굴을 마주 보고 앉습니다. 처음에는 노래에 맞춰 신체 이름을 들려주며 해당 부위를 찾아보자고 말해줍니다.

   "눈은 어디 있나? 여기." "코 찾아볼까? 코."

2. 아이를 바라보며 엄마 아빠가 자신의 얼굴에서 눈이나 코를 짚는 모습을 보여줍니다. 엄마 아빠가 아이의 손을 잡고 엄마 아빠의

눈, 코, 입을 짚게 해도 됩니다.

"귀는 여기." "입은 여기 있네."

3. 아이에게 신체 부위 이름을 이야기해주고 스스로 짚어보게 합니다. 제대로 잘 짚지 못하면 엄마 아빠가 도와줘도 좋습니다.

"○○이 눈." "○○이 귀는 여기 있네."

4. 아이가 이야기한 신체 부위를 잘 찾으면 칭찬해줍니다.

"잘했다. 눈 잘 찾았다." "우리 ○○이 잘 찾네."

Tip

- 18개월에 가까워지면 2어절의 정확한 이해가 본격화됩니다. 따라서 아직은 '엄마 눈'이나 '아빠 눈'까지 정확하게 짚지 않더라도 아이가 그것을 시도하는 것으로 충분합니다.

- 아이가 눈, 코, 입, 귀 등 기본적인 신체 부위 이름을 잘 안다면 이마, 눈썹 등 더 세부적인 신체 부위까지 확대해서 놀이하는 것도 좋습니다. 〈머리 어깨 무릎 발〉 노래와 함께 신체 부위를 알려주는 것도 도움이 됩니다.

- 아이의 얼굴에서뿐만 아니라 인형에서도 눈, 코, 입을 찾을 수 있습니다. 아이가 신체 부위를 아는지 인형을 가지고도 확인해보세요.

촉감 놀이

다양한 감각 놀이를 시도해요
"미끌미끌, 끈적끈적"

언어 자극 Point

- **감각과 관련된 어휘** 부드러워, 거칠거칠해, 폭신해, 딱딱해, 차가워, 따뜻해 등

- **감각 놀이와 관련된 어휘** 꺼내, 잘라, 밀어, 찍어, 떼, 꾹꾹, 눌러, 조물조물 등

- **모양과 관련된 어휘** 동그라미, 네모, 길다, 짧다, 두껍다, 얇다 등

준비물) 미역이나 국수, 대야, 물

1. 아이에게 미역이나 국수를 보여줍니다.

   "이거 미역이야. 말라서 딱딱하네." "이건 국수야. 길쭉길쭉해."

2. 시중에서 파는 미역이나 국수는 보통 건조된 형태이므로 물이 담
   긴 대야에 넣고 풀어줍니다. 대야는 아이가 들어갈 수 있는 크기

여도 좋고 손을 넣고 놀 정도여도 충분합니다.

"이제 물에 넣어볼까?" "아, 차가워. 손을 넣어보자."

3. 미역이나 국수가 물에 풀어지면 아이에게 만져보게 합니다.

"미역 만져볼까?" "국수 잡아보자."

4. 아이가 풀어진 미역이나 국수를 잡거나 만지면 그 특징을 말해줍니다.

"미역이 미끄럽네." "국수가 길어졌네."

5. 풀어진 미역이나 국수가 아이의 몸에 붙으면 그 상태를 문장으로 들려줍니다.

"미역이 팔에 붙었네." "다리에 국수가 있네."

Tip

- 아이들이 미역의 느낌을 싫어할 수도 있습니다. 그럴 때는 억지로 놀이를 하지 말고 손끝으로 살짝 만져보게 하거나 엄마 아빠가 먼저 만지는 시범을 보입니다.
- 젖은 미역을 몸에 붙이며 "아빠 팔", "엄마 다리", "○○이 손"이라고 말해주며 신체 부위와 관련된 언어 자극을 주는 것도 좋습니다.

버튼 누르기 놀이

원인과 결과를 알 수 있어요
"누르니까 나오네"

언어 자극 Point

- **버튼 누르는 동작과 관련된 어휘** 눌러, 돌려, 꽂아, 나와, 여기, 꾹 등

- **원인을 알려주는 어휘** 여기 있네, 나왔네, 짜잔, 이거 누르니까 나오네 등

준비물 버튼을 누르면 튀어나오는 팝업 장난감

1. 아이에게 버튼을 누르면 튀어나오는 팝업 장난감을 보여줍니다.
   아이가 장난감에 호기심을 보이면 만질 수 있도록 해줍니다.
   "우아, 이게 뭐지?" "신기하게 생겼다. 노래도 나오네."

2. 다시 한번 아이에게 버튼을 누르면 장난감이 튀어나오는 모습을
   보여줍니다. 이번에는 장난감이 나오면 과장된 웃음과 몸짓을 보

이며 깜짝 놀라거나 신기한 표정을 지어줍니다.

"우아, 지금 뭐가 나왔어? 끼끼끼, 원숭이잖아."

"깜짝이야! 여기에서 어흥이 나왔어."

3. 아이가 눌러야 하는 버튼을 잘 찾지 못하면 그 버튼을 찾을 수 있도록 힌트를 주거나 엄마 아빠가 먼저 찾아서 아이의 호기심을 끌어도 좋습니다.

"여기를 눌러보자. 그러면 나올 것 같아!" "찾았어! 이 버튼이네."

4. 아이가 우연히 버튼을 찾거나 누르는 행동을 하면 칭찬해줍니다. 아이의 손가락 힘이 약해 버튼을 눌러도 장난감이 나오지 않는 경우에는 엄마 아빠가 함께 버튼을 눌러도 좋습니다.

"이거 눌러볼까?" "여기 꾹~ 맞아. 와, 잘 눌렀어!"

Tip

- 아이가 스스로 버튼을 눌렀을 때 무엇인가가 나온다는 사실을 알게 되는 과정은 매우 중요합니다. 자신의 행동(버튼을 누른다)이 영향을 미친다(장난감에서 동물이 튀어나온다)는 사실을 알고 놀이에 참여할 수 있기 때문입니다. 아이의 인지 발달을 촉진하기 위해서 스스로 활동에 참여할 수 있도록 도와주세요.

종이 놀이

손 조작을 자유롭게 할 수 있어요
"찢어서 버려"

언어 자극 Point

- **놀이 전 준비를 위한 말** 뭐가 있을까?, 이게 뭐야?, 신기하다, 해볼까? 등

- **종이의 형태와 관련된 어휘** 네모, 세모, 커, 작아, 빨강, 노랑 등

- **종이 놀이와 관련된 어휘** 구겨, 찢어, 펴, 버려, 던져, 접어, 떨어지네, 눈 온
  다, 신나, 만들어, 뭉쳐, 바스락바스락 등

준비물 종이나 색종이

1. 아이에게 종이를 보여줍니다. 등 뒤로 숨겼다가 보여줘도 좋고, 탁
   자 위에 올려뒀다가 찾은 것처럼 하면서 보여줘도 좋습니다.
   "엄마 뒤에 뭐가 있게?" "어, 이게 뭐지? 바스락바스락 소리가 나네?"

2. 종이를 접어봅니다. 아이가 종이를 반듯하게 접기는 어려우니 엄마 아빠가 아이 손을 잡고 함께 접어주면 좋습니다.

"종이 접어볼까? 네모 모양으로 접어보자." "종이가 작아졌네."

3. 종이를 다시 펴보거나 접는 등 다양한 종이접기 활동을 아이와 함께해봅니다.

"이제 종이 펴볼까?" "네모 모양이네. 이번에는 세모 모양이 됐네."

4. 엄마 아빠가 종이를 먼저 찢어봅니다. 길게 찢어도 좋고, 짧게 뜯어도 좋습니다.

"죽죽죽, 종이를 찢어보자." "우아, 종이를 뜯었네."

5. 찢은 종이를 수북하게 쌓아둡니다. 수북해진 종이를 아이와 함께 위로 던져서 날려봅니다.

"위로 던져보자. 우아, 신난다!" "○○이 머리 위로 떨어지네. 눈이 온다!"

6. 종이를 충분히 찢고 논 다음, 정리하기 전에 아이와 함께 종이를 동그랗게 뭉쳐봅니다.

"이제 종이로 공 만들자." "동글동글 눈사람 만들까?"

- 길게 찢은 종이를 선처럼 연결해 세모나 네모, 동그라미 모양을 만들거나 달팽이 모양처럼 돌돌 말아볼 수도 있습니다.

- 종이 구기기 놀이는 끼적이거나 붙이는 활동으로도 연계가 가능합니다. 종이는 활용법이 무궁무진하고 자유로운 재료이므로 아이가 이끄는 대로 아이의 행동에 맞는 적절한 언어 자극을 주면 됩니다.

인형 냠냠 놀이

다른 대상에게도 관심이 생겨요
"뽀로로야, 먹어"

언어 자극 Point

- **먹는 행동과 관련된 어휘** 먹어, 배고파, 배불러, 아~, 냠냠, ○○이가 줘, 같이 먹자 등

- **먹을거리와 관련된 어휘** 사과, 바나나, 빵, 우유 등

준비물) 손을 넣어 입을 벌릴 수 있는 인형, 과일이나 과일 장난감

1. 아이에게 인형을 보여줍니다. 그리고 나서 인형이 말하는 것처럼 이야기합니다.

  "○○아, 나 배고파. 사과 좀 줘."

  (인형의 입을 벌리며) "아~ 맛있는 것 좀 줘."

2. 아이에게 인형이 배고프다고 말해줍니다.

   "어, 여기 인형이 앉아 있네. 그런데 배가 고프대."

   "인형한테 맛있는 것 좀 줄까?"

3. 아이에게 실제 과일이나 음식, 또는 과일이나 음식 장난감을 가져
   와서 보여줍니다.

   "오늘은 사과." "엄마는 케이크를 줘야겠다. 맛있겠지?"

4. 아이가 음식을 고르면 엄마 아빠가 먼저 칼로 잘라 반으로 나누거
   나 통째로 들고 인형에게 먹여주는 시늉을 합니다.

   "사과 잘랐네. 맛있겠다." "우리 인형, 이거 먹어봐. 아~ 입 크게 벌려."

5. 이번에는 아이에게 인형에게 음식을 건넬 기회를 줍니다. 인형에
   게 무엇을 줄지는 직접 고르게 하고, 크기가 크다면 자를 수 있도
   록 도와줍니다. 그다음, 아이가 스스로 인형의 입에 먹을 것을 넣
   을 수 있도록 해줍니다. 손동작이 조금 서투르다면 손을 잡고 도
   와줍니다.

   "바나나 줄까? 수박 줄까? 뭐가 더 맛있을까?"

   "같이 잘라볼까? 이번에는 ○○이가 먹여줘."

6. 다른 먹을 것들도 인형에게 먹이는 시늉을 합니다. 몇 가지를 먹

이고 나면 인형을 들고 배부르게 먹었다고 말해주고 아이를 칭찬해줍니다.

"배부르다. 다 먹었다." "○○이 덕분에 잘 먹었네. 고마워."

- 내가 아닌 다른 대상에 관심을 가지고 내가 가진 것을 그 대상에게 줄 수 있는 것은 이 시기에 발달하는 사회 소통적인 특성입니다. 따라서 엄마 아빠가 갖고 있는 것을 인형에게 먹여주는 모습을 보여주고 아이가 따라 해보도록 하는 활동은 매우 중요합니다.
- 아이가 어려워하면 엄마 아빠가 모델링을 충분히 해줍니다. 인형 대신 아이가 주는 음식을 엄마 아빠가 받아먹는 시늉을 해도 좋습니다.

다리 건너기 놀이

다른 사람의 행동을 집중하고 모방해요
"여기 보고 따라와"

언어 자극 Point

- **종이나 퍼즐 매트 조각의 형태나 색과 관련된 어휘** 크다, 작다, 세모, 네모, 동그라미, 빨강, 파랑, 노랑 등

- **아이를 따라 건너게 유도하는 말** 여기 봐, 건너봐, 따라와, 이리 와, 여기, 벌려, 앞으로, 크게, 작게, 멀리 등

준비물) 종이나 퍼즐 매트 조각

1. 아이에게 종이나 퍼즐 매트 조각을 보여줍니다. 그러고 나서 그 색깔이나 모양에 대해서 함께 이야기해봅니다.

"종이가 노란색이네." "퍼즐 매트 조각이 네모 모양이네."

2. 아이와 함께 종이 또는 퍼즐 매트 조각을 앞쪽으로 길게 깔아봅니다. 처음에는 길쭉한 다리 모양으로 만들면 좋습니다.
"길이 되었네. 길어졌어." "엄마랑 같이해보자."

3. 아이 앞에서 엄마 아빠가 종이 또는 퍼즐 매트 조각 위를 따라서 걷는 모습을 보여줍니다. 처음에는 징검다리를 건너듯이 한 칸 한 칸 걷는 모습을 보여줍니다.
"아빠가 먼저 해볼게. 하나씩, 하나씩." "앞으로, 앞으로."

4. 그다음에는 아이 혼자 걷게 합니다. 아직 걷지 못한다면 엄마 아빠가 아이의 손을 잡고 함께 건너도 좋습니다.
"이제 ○○이 차례." "앞으로 걸어요. 우리 ○○이가 걸어요."

5. 다리를 다 건넌 후에는 아이를 칭찬해주고 격려해줍니다.
"잘했다. 잘 건넜네." "우리 ○○이가 혼자 해냈네."

6. 아이가 다리를 잘 건넜다면 다리의 모양을 변형해도 좋습니다. 달팽이 모양처럼 동그랗게 또는 세모 모양 등으로 만들어서 아이가 그 모양대로 걸으며 움직일 수 있도록 합니다.
"달팽이 집을 지읍시다." "세모 모양을 만들자."

- 아이가 다리 건너기 놀이를 좋아하면 종이나 퍼즐 매트 조각의 간격을 조금 떨어뜨려서 살짝 점프하는 느낌으로 걷게 해도 좋습니다. "건너", "뛰어"라는 언어 자극도 함께 줄 수 있습니다.

- 종이나 퍼즐 매트 조각의 다양한 형태나 색깔, 질감 등을 활용해 언어 자극을 줄 수도 있습니다. 또는 "노랗고 동그랗다", "빨갛고 세모 모양이네"와 같이 종이나 퍼즐 매트 조각의 2가지 특징을 연결해 이야기해줘도 좋습니다.

공 주고받기 놀이

주고받는 순서를 알 수 있어요
"○○이 차례, 출발"

언어 자극 Point

- **공과 관련된 어휘** 데굴데굴, 통통통, 크다, 작다, 동그라미, 빨강, 노랑 등

- **주고받는 행동과 관련된 어휘** 줘, 던져, 굴려, 받아, 줄게, 빨리, 천천히, 기다려, 간다, 하나 둘 셋, 출발 등

- **순서와 관련된 어휘** 엄마(아빠) 차례, 먼저, 나중에, ○○이 다음에 등

준비물) 공

1. 아이에게 공을 보여주고 모양이나 색깔, 크기 등을 알려줍니다.

   "공이야. 공이 크네." "동그란 공, 빨간색 공이네."

2. 아이에게 공이 굴러가는 모습을 보여줍니다.

"공이 데굴데굴." "통통통, 공이 굴러가네."

3. 아이에게 공을 굴리겠다고 미리 이야기합니다. 그다음, 맞은편에 앉아서 느린 속도로 아이 쪽으로 천천히 공을 굴려줍니다. 아이가 눈으로 공의 움직임을 잘 따라가는지도 확인합니다.

"공 굴릴 거야. 잘 잡아봐."

"○○이한테 공이 간다. 기다려, 하나 둘 셋!"

4. 아이가 공을 잡으면 잘 잡았다고 칭찬해주고, 잡지 못하더라도 엄마 아빠가 잡아서 아이에게 가져다줍니다.

"공이 ○○이한테 갔네." "○○이가 공을 잡았네."

5. 아이에게 엄마 아빠 쪽으로 공을 굴려달라고 이야기합니다. 처음에는 맞은편엔 엄마가, 아이 옆엔 아빠가 앉아서 아이가 공을 잘 굴리지 못하면 아이 쪽에 있는 아빠가 함께 굴려줍니다.

"엄마한테 공 굴려줘." "이리 보내줘."

6. 아이에게 주고받는 개념이 생겼다면 공을 주고받으면서 "엄마(아빠) 차례", "○○이 차례"라고 말하며 순서를 정해줍니다.

"이번에는 엄마 차례." "아빠 다음에 ○○이."

- 아이가 공을 보내는 데 익숙해지면 공을 굴리면서 "빨리", "천천히"와 같은 속도와 관련된 언어 자극을 함께 줘도 좋습니다.

- 안에 쌀을 넣은 원통이나 깡통 등 공 대신 공처럼 굴러가는 장난감을 사용해도 좋습니다. 굴러갈 때 소리가 나는 장난감은 아이들에게 새로운 재미를 선사합니다.

목욕 놀이

물에서 놀면서 배워요
"치카치카, 쓱싹쓱싹"

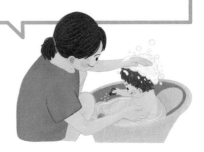

언어 자극 Point

- **목욕과 관련된 어휘** 이 닦아, 머리 감아, 씻어, 닦아, 옷 입어, 옷 벗어, 목욕하자, 깨끗해 등

- **목욕 도구와 관련된 어휘** 샴푸, 빗, 비누, 수건, 치약, 칫솔, 옷 등

- **신체와 관련된 어휘** 눈, 코, 입, 손, 발, 팔, 다리, 손가락, 발가락, 배, 머리 등

준비물 목욕 놀이 장난감이나 목욕 도구

1. 아이에게 목욕 놀이 장난감을 보여줍니다. 그러면서 아이가 목욕 놀이에 참여할 수 있도록 합니다. 아이가 목욕해야 하는 상황이라면 목욕할 것이라고 미리 알려주고 준비시킵니다.
   "콩순이가 더러워졌네. 얼른 씻겨야겠다." "우리 ○○이 목욕할까?"

2. 아이에게 목욕 도구들을 보여주면서 몸을 씻거나 닦는 활동으로 연결하도록 도와줍니다.

"이게 뭐야? 샴푸네." "샴푸 뚜껑 열어. 보글보글 거품이 나네."

3. 아이에게 목욕 도구를 보여줄 때는 '치약', '수건' 등의 명사와 '짜다', '닦다' 등의 동사를 연결해서 들려줍니다. 아이의 행동을 따라 그것을 그대로 말로 설명해준다고 생각하면 됩니다.

"치약 짜." "수건으로 닦아."

4. 목욕 놀이가 끝난 후에는 지금의 모습에 대해서 알려주고 목욕한 후의 모습을 칭찬해주는 것이 좋습니다.

"우리 콩순이가 깨끗해졌네." "목욕하고 나니 좋은 냄새가 나네."

Tip

- 이 시기 아이들은 말은 잘 못하더라도 빗을 들고 머리를 빗는 시늉을 하거나 칫솔을 들고 이를 닦는 시늉을 합니다. 이를 통해 아이가 사물의 기능을 파악하고 있음을 확인할 수 있습니다.

동물 가면 놀이

동물 소리와 동물을 연결할 수 있어요
"멍멍, 강아지"

언어 자극 Point

- **동물과 관련된 어휘** 어흥 사자, 꿀꿀 돼지, 음매 소, 야옹 고양이 등
- **동물 가면 놀이와 관련된 어휘** 누구지?, 나왔다, 어서 와, 짜잔, 안녕 등
- **동물의 특성과 관련된 어휘** 귀가 커, 팔짝 뛰어, 빨리 뛰어, 하늘을 날아, 엉금 엉금, 뒤뚱뒤뚱 등

준비물 동물이 크게 나온 그림책, 도화지, 크레파스, 가위

1. 아이에게 도화지, 크레파스, 가위 등을 보여줍니다. 그다음, 동물 가면을 함께 만들자고 이야기합니다.
   "우리 토끼 만들어볼까?" "뿌뿌, 코끼리 그려보자."

2. 아이에게 동물의 특성을 말해주면서 그림을 그려봅니다. 토끼를 그린다면 귀를 길게 그리고, 코끼리를 그린다면 코를 길게 그리는 모습을 보여주면서 동물의 특성을 짚어줍니다.

"토끼는 귀가 길어. 이렇게 길게~" "코끼리는 코가 길어. 이렇게 길게~"

3. 그림으로 그린 동물 가면을 보여주고 아이에게 가위로 자를 것이라고 알려줍니다.

"이제 가위로 싹둑싹둑." "가위로 잘라서 얼굴에 써보자."

4. 완성된 동물 가면을 엄마 아빠 얼굴에 대고 동물 소리를 내봅니다. 아이에게도 동물 가면을 얼굴에 대보게 하고 함께 동물 가면 놀이를 해봅니다.

"어흥, 사자가 나타났다!" "폴짝폴짝, 개구리가 나타났다!"

Tip

- 동물 가면을 만들면서 동물의 특성을 아이에게 말해줄 때, 바로 옆에 동물 그림책을 준비해서 독서 활동과 연계하는 것도 좋습니다. 동물 가면 놀이를 하면서 그림책도 함께 읽어주세요.
- 동물 가면을 만들 때 그림을 완벽하게 그릴 필요는 없습니다. 아이에게 동물의 특징을 설명해주는 것만으로도 큰 의미가 있으므로 해당 동물의 특징이 잘 드러나게 대략적으로 그림을 그려도 충분합니다.

미끄럼틀 놀이

기다릴 수 있어요
"하나 둘 셋, 내려가"

언어 자극 Point

- **미끄럼틀 놀이와 관련된 어휘** 미끄럼틀, 내려가, 올라가, 높다, 낮다 등

- **기다리기와 관련된 어휘** 기다려, 다 왔다, 출발, 도착, 차례차례 등

준비물) 미끄럼틀

1. 아이와 함께 놀이터에 나갑니다. 아이에게 미끄럼틀을 알려주고
   어떻게 노는지 보여줍니다. 다른 아이들이 노는 모습을 보여줘도
   좋습니다.
   "우아, 미끄럼틀이다!" "미끌미끌, 슈웅 내려가네."

2. 미끄럼틀 계단을 올라가면서 그때의 행동을 말로 이야기해줍니

다. 위에 올라가면 '높다'라는 사실을 알려주고 잠시 기다리게 합니다.

"올라가, 올라가. 영차 영차." "와, 높다! 여기 올라오니까 엄청 높아."

3. 미끄럼틀의 가장 위쪽에서 바로 내려가지 말고 아이에게 잠시 기다리게 합니다.

"조금만 더 기다려보자." "하나 둘 셋 하면 내려가자. 기다려!"

4. 아이가 미끄럼틀을 타고 내려가기 전에 손가락으로 숫자를 꼽으며 기다리게 합니다. 카운트다운이 끝나면 신나게 "출발"이라고 말하며 내려가게 해줍니다.

"하나 둘 셋, 출발~" "내려가자! 우아, 도착했네."

Tip

- 아이가 자신의 손가락으로 '하나 둘 셋'을 꼽을 수도 있습니다. 이런 모습을 보일 때는 행동을 격려해주고 칭찬해주세요. 아이에게 기회를 주는 것이 좋습니다.
- 미끄럼틀을 태우면서 아이의 동작에 맞춰 "올라가", "내려가", "기다려", "같이해"와 같은 언어 자극을 줄 수 있습니다.

노래와 함께 멈추기 놀이

음악의 시작과 멈춤을 알아요
"그대로 멈춰라"

언어 자극 Point

- **노래 부르기와 관련된 어휘** 노래 불러, 신난다 등

- **시작 및 끝과 관련된 어휘** 시작, 끝, 멈춰, 움직이면 안 돼, 다시, 움직여 등

준비물 없음

1. 아이와 함께 노래를 부릅니다. 손유희나 율동과 함께하면 더 좋습니다.

   "반짝반짝 작은 별~" "곰 세 마리가 한집에 있어~"

2. 노래를 부르다가 중간에 멈춰봅니다. 이때 신호를 주지 않고 멈춰도 좋습니다. 그다음, 조용히 있다가 5~8초 정도 지난 후에 "쉿" 하

고 코끝에 손가락을 가져다 대면서 아이에게 상황을 말해줍니다.

"어, 노래 멈췄네." "쉿, 조용해졌네."

3. 아이가 고요해진 상황에 집중하며 조용해지면 엄마 아빠가 다시 말해줍니다.

"다시 해볼까?" "노래 다시 불러보자."

4. 다시 노래를 부르면서 손유희나 율동을 합니다. 아이와 함께 노래를 부르다가 멈추는 활동을 반복합니다.

Tip

- 〈그대로 멈춰라〉 노래를 활용해도 좋습니다. "즐겁게 춤을 추다가 그대로 멈춰라" 노래를 부르다가 동작을 일시적으로 멈춥니다.
- 노래를 멈춘 후에 서로의 동작을 보고 따라 해보는 것도 좋습니다. 아이가 걸을 수 있거나 운동성이 좋다면 걸으면서 동작을 해보고, 멈춘 후에 상대방의 동작을 모방하는 활동을 시도해봅니다.

신체와 언어가 쑥쑥 자라나요

19~24개월 발달 포인트

노래 완성하기 놀이 · 책 터널 놀이 · 공통점 찾기 놀이

소리 찾기 놀이 · 색깔과 모양 찾기 놀이 · 휴지 쌓기 놀이

동사 익히기 놀이 · 낙서 놀이 · 비눗방울 놀이

책장 넘기기 놀이 · 심부름 놀이 · 노래 율동 놀이

휴지심 볼링 놀이 · 정리 놀이 · 인형 돌보기 놀이

우리 아이, 이만큼 컸어요

이 시기가 되면, 아장아장 걷기 시작했던 아이들이 뛰기 시작하고 계단 오르기도 가능해집니다. 24개월에 가까워지면 발 앞에 놓인 공을 차거나 두 발을 모아서 깡충 앞으로 뛰는 동작도 할 수 있습니다. 눈과 손이 협응할 수 있게 되면서 손에 연필이나 색연필 등을 쥐어주면 간단한 모양을 그릴 수도 있습니다. 숟가락으로 혼자 밥을 먹으려고 고집을 피우기도 하지만 입으로 들어가는 음식보다 흘리는 것이 더 많기도 합니다. 이 시기 아이들이 서랍이나 싱크대 문을 열어 물건을 밖으로 꺼내거나 장난감으로 집 안을 어지럽히는 것은 흔한 일입니다. 놀이를 통해 생각하고, 생각하며 노는 과정을 통해 배움이 본격화되는 시기입니다.

발달 포인트 ① 소근육이 섬세하게 발달한다

이 시기 아이들은 걷기가 능숙해지면서 몸의 균형을 잡는 능력도 발달합니다. 발달이 빠른 아이는 19개월이 되면 뛸 수도 있게 됩니다. 24개월에 가까워지면 손을 잡아줄 경우 한 층씩 양발을 맞춰서 계단을 오를 수도 있지만 아직 완벽하지는 않습니다. 손가락의 힘도 세지고 소근육이 점차 섬세하게 발달하면서 숟가락을 쥐거나 연필을 잡을 수 있습니다. 큰 공을 손으로 잡는 것이 가능해지고 공을 굴리는 활동도 할 수 있습니다. 2~5개 미만의 블록을 쌓아 올릴 수 있습니다.

발달 포인트 ② "내가 할 거야" 자기주장이 강해진다

어른이 도와주면 싫어하고 심하게 화를 내고 떼를 씁니다. 자신의 감정이나 생각을 훨씬 더 구체적으로 표현하기 시작하면서 자기주장도 강해지고 다른 사람들과의 상호 작용이 활발해집니다. 이 시기에 자율성이 잘 발달해야 자아가 잘 성장할 수 있으므로 양육자는 혼자서 해보려는 아이의 욕구를 이해하고 옆에서 지켜봐주면서 세심하게 배려하고 지지해줘야 합니다.

발달 포인트 ③ 감정 표현이 다양해진다

이 시기 아이들은 부모와의 관계 또는 자신이 늘 가지고 다니는 대상(인형, 이불, 장난감 등) 중 하나와 애착을 형성합니다. 그래서 어디를 가든지 자신이 애착을 형성한 물건을 가지고 가거나, 잘 때나 우유를 먹을 때는 끌어안음으로써 애정을 표현합니다. 이러한 상태는 19~24개월 사이에 절정에 달합니다. 이 무렵 아이들은 기쁨이라는 감정을 행동으로 표현하는데, 주로 몸을 흔들거나 소리 내어 웃고, 엄마 아빠를 꼭 안는 동작으로 표현합니다. 만일 부모가 다른 아이를 안고 있거나 예뻐하는 모습을 보면 아이는 엄마 아빠에게 달려와서 자신을 안아달라고 하거나 우는 등 질투 반응을 나타내기도 합니다.

발달 포인트 ④ 2어절 표현이 늘어난다

24개월에 가까워지면서 아이들은 두 단어를 연결해서 짧은 문장을 만들어 사용하기 시작합니다. 명사뿐만 아니라 동사나 형용사도 조금씩 사용합니다. 말이 빠른 아이들은 "엄마 맘마", "엄마 타", "물 먹어", "집 가" 등 두 단어를 연결하여 모방하거나 표현을 시작합니다. 이렇게 두 단어를 조합하기 시작하면서 아이들의 언어 표현 능력은 급격히 상승합니다.

발달 포인트 ⑤ 언어의 사용에 과잉 확장이 많다

이 시기 아이들이 말하는 한 단어는 완전한 하나의 문장과 같습니다. 이것을 '언어의 과잉 확장'이라고 합니다. 아이가 "바나나"라고 말한다면 '바나나 먹고 싶어요', '바나나 주세요', '저기 바나나가 있어요' 등의 의미를 표현한 것으로 볼 수 있습니다. "엄마"라는 말은 엄마 그 자체를 의미하기도 하지만, 엄마가 자신과 떨어져 있는 경우라면 '엄마, 이리 와'와 같이 엄마를 부르는 말일 수도 있습니다. 큰 소리에 놀랐다면 '엄마 무서워', 배가 고픈 상황이라면 '엄마, 맘마 줘' 등의 다양한 의미를 표현한 것일 수도 있습니다. 이와 같은 언어의 과잉 확장은 이후에 사용 가능한 어휘가 풍부해지면서 자연스럽게 사라집니다.

노래 완성하기 놀이

노래를 잘 듣고 이어서 완성해요

"아빠 곰, 엄마 곰…"

언어 자극 Point

- **노래 듣고 부르기와 관련된 어휘** 무슨 노래야?, 들어보자, 같이 부르자 등
- **아이와 함께 부를 수 있는 노래** 〈작은 별〉, 〈곰 세 마리〉, 〈그대로 멈춰라〉 등

준비물 없음

1. 아이와 함께 노래를 부릅니다. 아이와 함께 노래를 부를 때는 조금 느리고 천천히 부르는 것이 좋습니다.

   "우리 이제 노래를 불러볼까?" "반짝반짝 작은 별~"

2. 아이가 노래를 한 박자 늦게 따라오거나 노래를 따라 부르려는 느낌이 들면 조금 더 천천히 부르면서 반응을 살펴봅니다.

엄마: "반~ 짝~ 반~~ 짝~~" 아이: "~반 ~짝 ~반 ~짝"

3. 아이에게 노래를 같이 불러도 된다고 격려해줍니다. 노래에 어울
   리는 손유희가 있다면 손유희를 하는 모습도 보여줍니다. 아이에
   게 노래를 부를 기회를 줘도 좋습니다.
   "같이 부를까?" "이번에는 ○○이가 불러볼까?"

4. 아이가 좋아하는 인형이나 다른 형제자매와 함께 노래를 불러도
   좋습니다. 인형과 함께 몸을 까딱까딱 움직이며 노래를 부르면 아
   이도 더 즐겁게 참여합니다.
   "와, 무슨 노래야?" "누가 부르고 있어?"

Tip

- 노래 완성하기 놀이를 하려면 정말 많이, 그리고 친숙하게 들은 노래
  를 활용해야 합니다.
- 아이가 좋아하는 노래로 선곡하는 것도 좋습니다.
- 손유희는 기존의 것을 활용하거나 엄마 아빠가 만들어도 좋습니다.
- 노래 완성하기는 이후 언어적인 청각적 종결 활동과 연관되어 '낮말은
  새가 듣고 밤말은?'과 같은 문장 완성하기 활동에도 도움이 됩니다.

책 터널 놀이

책으로 터널을 만들어요
"길게, 길게"

언어 자극 Point

- **책과 관련된 어휘** 책 제목, 여기 있네, 네모(책 모양), 사과(표지 그림)가 있네, 빨강(표지 색깔) 등

- **책 터널 만들기 활동과 관련된 어휘** 길게, 둥글게, 맞춰봐, 여기 놓자, 길어졌네, 터널이다, 구멍이 보이네 등

- **책 터널 지나가기 활동과 관련된 어휘** 앞으로, 기어가, 따라가, 조심조심, 나왔네, 밖으로, 짜잔, 어서 와, 잘했네 등

준비물 책, 자동차 장난감, 인형

1. 아이와 책 표지를 보며 이야기를 나눠봅니다. 책에 나온 그림이나 책 제목, 책의 모양 등으로 다양한 이야기를 해줍니다.

"무슨 책일까? 제목 읽어볼까?" "빨간 딸기네. 맛있겠다."

2. 책을 늘어뜨려서 길을 만들어봅니다.
"길을 만들어볼까?" "길게, 길게."

3. 책을 세워서 터널 모양을 만들어봅니다.
"여기에 터널 만들어볼까?" "구멍이 생겼네?"

4. 책 터널의 크기가 크다면 아이가 그 안을 직접 통과해보게 합니다. 만일 책 터널의 크기가 작다면 자동차 장난감이나 인형을 터널 안으로 통과시켜봅니다.
"길 따라가볼까?" "터널 지났다!"

5. 자동차 장난감이나 인형을 통과시키면서 책 터널 놀이를 할 때 엄마 아빠가 반대편에 앉아서 아이가 통과시킨 자동차 장난감이나 인형을 받아줘도 좋습니다.
"하나 둘 셋, 출발!" "자동차 나왔다!"

- 책 표지를 함께 읽는 활동은 이후 아이의 문해력을 키우는 데도 도움이 됩니다. 어릴 때부터 책 표지를 보면서 아이와 함께 다양한 이야기를 나눠보세요.

- 터널을 만들 때 사용하는 책의 모양이나 크기는 같아도 좋고, 달라도 상관없습니다. 같은 시리즈가 아니어도 되니 다양한 책을 골라 사용합니다.

- "하나 둘 셋" 하면서 기다리는 활동, 터널을 통과하면 "나와라" 하는 활동, 아이가 기어가면 "기어가" 하는 활동 등 아이가 하는 행동에 이름을 붙여 이야기해주세요. 24개월에 가까워지면서 2개의 낱말을 붙여 이해나 표현이 가능해지면 "○○이가 걸어가네", "○○이가 기어가네"와 같이 '명사+동사'의 언어 자극을 해줄 수 있습니다.

공통점 찾기 놀이

똑같은 것을 알아맞힐 수 있어요
"똑같은 것을 찾아보자"

[언어 자극 Point]

- **공통점 찾기와 관련된 어휘** 똑같은 색깔 찾아봐, 똑같은 모양 찾아봐 등

- **똑같은 특징 찾기와 관련된 어휘** 뭐가 같아?, 똑같아?, 뭐가 같나 찾아보자 등

- **잘 찾았을 때 칭찬해주는 말** 여기 있네, 찾았다, 잘 찾았네, 최고 등

[준비물] 그림책이나 아이가 좋아하는 장난감

1. 아이와 함께 그림책을 봅니다. 또는 장난감을 가지고 놀아도 좋습
   니다. 그러다가 아이가 유심히 보는 것에 관심을 가지고 그것의
   모양이나 색깔 등을 이야기해줍니다.
   "여기 빨간색 소방차네." "우아, 네모난 기차네."

2. 아이에게 이야기를 나눈 책이나 장난감과 색깔이 똑같은 것이 있는지 주변에서 찾아보게 합니다.

"빨간색 어디 있어?" "똑같은 색깔 어디 있어?"

3. 아이에게 이야기를 나눈 책이나 장난감과 모양이 똑같은 것이 있는지 주변에서 찾아보게 합니다.

"네모 모양 어디 있어?" "여기 있었네."

4. 아이에게 책의 그림이나 장난감 등 2가지 물건을 나란히 보여주고 무엇이 같은지 말하게 해봅니다.

"뭐가 똑같아?" "와, 잘 찾았다!"

5. 처음에는 아이가 2가지 물건의 공통점을 잘 찾아내지 못할 수도 있습니다. 그럴 때는 엄마 아빠가 예를 들어주면 좋습니다.

"색깔이 똑같지? 노란색?" "아, 모양이 같아. 세모 모양."

Tip

- 이 시기 아이들은 전혀 다른 2가지 사이에서 공통점을 찾을 수 있습니다. '똑같다'는 개념에 대해 이해와 파악이 가능합니다.
- 아이가 "똑같다"라는 말을 들었을 때 무엇이 같은지 찾아보게 하는 것은 매우 중요한 활동입니다. 때로는 정답이 아니라도 아이 스스로

찾아보도록 격려해줍니다. 아이가 공통점 찾기를 힘들어한다면 부모가 모델링을 통해서 자신감을 불어넣어주도록 합니다.

- 이 시기 아이들은 아직 정확한 말로 표현하는 것을 어려워합니다. 엄마 아빠가 모델링 해준 말을 듣는 것만으로도 아이의 어휘력이 자라난다는 사실을 기억하세요.

소리 찾기 놀이

소리에 대한 변별이 더욱 예민해져요
"언제 어디서 들은 소리지?"

언어 자극 Point

- **소리 경험과 관련된 어휘** 무슨 소리지?, 언제 들었지?, 어디서 들었지?, 어디에 있었지? 등

- **소리 말해보기 활동과 관련된 어휘** 무슨 소리인지 말해봐, 말로 해봐, 딸랑딸랑, 찰찰찰, 몽몽몽 등

- **아이가 기억을 떠올리게 돕는 말** 맞았어, ~에서 봤지, ~에 있었던 거 기억났어?, ~에 있었지, 신났지 등

준비물 없음

1. 세탁기가 멈추는 소리나 밥솥의 김이 빠지는 소리가 들리면, 엄마 아빠가 손을 귀에 쫑긋 대고 소리에 집중하는 모습을 보여줍니다.

"무슨 소리야?" "어, 무슨 소리가 들리네?"

2. 아이에게 무슨 소리인지 맞혀보라고 합니다. 소리만으로 잘 맞히지 못하면 의성어를 말해서 힌트를 줘도 좋고, 아이가 의성어를 따라 해보도록 유도해도 좋습니다.

   "어떻게 소리 나? 위잉위잉, 삐삐삐, 이런 소리가 나네."

   "어디서 나는 소리지?"

3. 아이가 방금 들었던 소리에 대한 경험을 떠올리거나 예전에 봤던 장난감 등을 기억해내도록 유도해봅니다.

   "어, 이거 뭐 할 때 들었던 소리지?" "이 소리 어디서 들었더라?"

4. 아이가 무슨 소리인지 맞히거나 어디에서 나는 소리인지 알면 칭찬해줍니다. 그다음, 그 소리가 어떤 소리인지 이야기해봅니다.

   "맞아, 이거 전자레인지 소리, 전자레인지 끝났을 때 나는 소리."

   "밥이 다 됐나 봐. 밥 치익 하는 소리."

5. 아이가 소리에 대한 기억을 잘 떠올리지 못하거나 무슨 소리인지 맞히는 것을 어려워하면 아이와 함께 그 소리가 나는 방향으로 가봅니다.

   "여기 있네. 전자레인지." "다 끝났네? 세탁기에서 빨래를 꺼내야겠다."

• 이 시기 아이들은 구체적인 사물의 이름과 기능을 연결하기 시작합니다. 또한 그 사물과 관련된 자신의 경험을 떠올리고 연결해냅니다.

• 단순히 사물의 이름만 가르쳐주는 것이 아니라 아이의 경험과 사물을 연결해 알려주면, 아이가 사물의 이름, 기능, 소리 등을 당장은 정확히 기억하지 못하더라도 언어능력을 키울 수 있는 좋은 계기가 됩니다.

색깔과 모양 찾기 놀이

2가지 지시를 이해할 수 있어요
"빨간 네모 어디 있지?"

언어 자극 Point

- **색깔과 관련된 어휘** 빨간색, 노란색, 초록색, 파란색 등

- **모양과 관련된 어휘** 네모, 세모, 별, 동그라미 등

- **2가지 지시를 이해하도록 돕는 말** 찾아볼까?, 뭐지?, 넣어볼까? 등

준비물 색깔과 모양이 다양한 블록, 상자나 바구니

1. 아이 앞에 블록을 쏟아서 보여줍니다. 가장 먼저 블록의 모양이나

   색깔을 알려줍니다. 혹은 아이에게 질문해도 좋습니다.

   "빨간색, 노란색, 초록색." "이건 무슨 색이지?"

2. 아이가 엄마 아빠의 말을 잘 듣고 지시에 맞춰서 색깔이나 모양에

맞게 고르도록 유도합니다.

"**빨간색 네모 어디 있지?**" "**파란색 동그라미 찾아보자.**"

3. 아이가 맞게 찾은 블록을 상자나 바구니에 넣도록 유도합니다.

"초록색 세모, 상자에 넣어." "파란색 별, 바구니에 넣어."

4. 아이가 2가지 지시를 따르며 수행할 때, 지시한 블록을 잘 찾지 못하면 색깔을 먼저 강조해서 말해주고, 그다음에 모양을 찾게 합니다.

"빨간색~~~ 별." "노란색~~~ 세모 찾아보자."

휴지 쌓기 놀이

쌓기 활동으로 형용사를 배워요

"높이 쌓아보자"

언어 자극 Point

- **쌓고 무너뜨리기 활동과 관련된 어휘** 쌓아, 올려, 무너뜨려, 넘어져, 쓰러졌
  어 등

- **휴지와 관련된 어휘** 동그라미, 가벼워, 하얀색, 돌돌 말려 있어, 뽑아 등

- **높이와 관련된 어휘** 높아/낮아, 커/작아, 위/아래, 많아/적어, 더 높이 등

준비물   휴지

1. 아이에게 휴지를 보여줍니다. 그러고 나서 모양이나 색깔 등의 특
   징을 함께 이야기합니다.

   "여기 휴지다. 동그란 휴지." "돌돌 말려 있어."

2. 아이에게 휴지 쌓기 놀이를 제안하고, 어떻게 하는지 먼저 시범을 보여줍니다.

"휴지 위로 쌓아볼까?" "올려보자. 높이 높이."

3. '아이 한 번, 엄마 한 번, 아빠 한 번' 하는 식으로 휴지를 번갈아 쌓아 올리거나, 아이가 쌓아 올리다가 손이 닿지 않으면 엄마 아빠가 올려주는 방법으로 놀이를 합니다.

"○○이 먼저, 그다음은 엄마."

"○○이 손이 안 닿으면 엄마가 도와줄까?"

4. 아이와 함께 휴지를 천천히 위로 쌓으면서 형용사 '높다/낮다'를 알려줍니다.

"높이, 더 높이." "아직 낮아. 더 높이 올려보자."

5. 휴지를 충분히 쌓아 올리고 나서 아이와 함께 넘어뜨려봅니다. '하나 둘 셋' 구호에 맞춰 넘어뜨려도 좋고, 아이가 펀치를 날리듯 이 쳐서 넘어뜨려도 됩니다.

"하나 둘 셋, 펀치!" "다 넘어졌다!"

- 형용사 어휘는 명사 어휘에 비해 배우기가 쉽지 않습니다. 형용사를 배울 수 있는 가장 좋은 방법은 직접 행동을 해보거나 경험해보는 것입니다. 가령 휴지를 옆으로 길게 늘어놓는 활동을 하면서 "길게", "짧게"와 같은 언어 자극을 줄 수 있습니다.

- 이 시기 아이들은 '높다'의 반대말로 '낮다'를 바로 연결하기가 어렵습니다. '낮다'의 의미를 정확하게 모르더라도 자연스럽게 들려주는 것만으로도 의미가 있습니다.

- 수 세는 소리를 자연스럽게 들려주며 아이와 함께 "하나 둘 셋…"을 말하는 놀이도 좋습니다. 이 시기 아이들은 수를 세며 자연스럽게 수 개념을 조금씩 채워나갈 수 있습니다.

동사 익히기 놀이

동사도 충분히 알려주세요
(의자에 앉으며) "앉아"

언어 자극 Point

- **동사 어휘** 앉아, 일어나, 먹어, 꺼내, 눌러, 타, 가, 입어 등

준비물 인형, 자동차 장난감

1. 아이에게 인형과 인사하게 합니다. 그다음, 인형을 의자에 앉힙니다.
   "우리 인형이 배고프대. 식탁에 앉아." "맘마 먹어. 물 마셔."

2. 음식을 다 먹은 후, 인형을 의자에서 일어나게 하면서 말해줍니다.
   "다 먹었다. 이제 일어날까?" "자리에서 일어나."

3. 아이가 인형을 자동차 장난감 위에 앉히게 해줍니다. 인형을 자동

차 장난감에 태워보게도 합니다.

"자동차 타고 어디 갈까? 위에 앉아." "아빠 차 타. 자, 이제 출발!"

4. 자동차 장난감을 출발시킨 뒤 도착하면 인형을 자동차 장난감에서 내리게 합니다.

"다 왔네. 이제 내려." "도착했네. 문 열어."

Tip

- 동사 어휘는 일상생활 속에서 다양하게 배울 수 있습니다. 장난감 놀이를 하지 않을 때도 아이가 활동하는 동안 그와 관계된 동사 어휘를 계속해서 말해주세요. 아이가 일어나면 "일어났어", 걸어가면 "걸어가네"라고 말해주는 것입니다. 아이가 지금 하는 행동이 무엇인지 알려주는 것은 동사 어휘를 빠르게 습득하도록 돕는 좋은 방법입니다.
- 동사가 중요한 이유는 말을 2~3어절로 확장하는 데 중요한 수단이 되기 때문입니다. 아이에게 다양한 동사를 자연스럽게 늘려주세요.

낙서 놀이

활동에 맞는 언어 자극을 줄 수 있어요
"색연필로 쓱쓱"

언어 자극 Point

- **낙서 놀이와 관련된 어휘** 잡아, 그려, 끼적끼적, 쓱쓱, 색연필, 종이 등

- **낙서하는 모양과 관련된 어휘** 동글동글, 길어졌어, 삐죽삐죽, 삐뚤삐뚤 등

- **색깔을 가리키는 어휘** 빨강, 노랑, 파랑, 초록 등

준비물) 필기구, 종이

1. 아이가 그림을 그리고 싶어 하면 필기구를 달라는 소리를 내거나
   양손을 모아서 "주세요" 하도록 유도합니다. 아이가 원하는 것이
   있을 때 달라는 요구를 할 줄 아는 것은 매우 중요합니다.
   "주세요. 크레파스 주세요."
   "그림 그릴 거야. ○○이 그림 그리고 싶어요."

2. 아이에게 필기구를 주고 손으로 잡도록 해줍니다.

"크레파스 잡았네." "○○이 색연필로 그림 그릴 거야."

3. 아이가 끼적이는 그림대로 모양을 이야기해주고 행동도 설명해줍니다.

"콕콕콕콕." "죽죽~ 쓱쓱~"

4. 아이가 그린 그림이 어느 정도 형태를 갖췄다면 그것이 무엇인지 말해줍니다. 형태가 갖춰지지 않고 활동이 마무리되어도 충분합니다. 아이에게 무엇을 그렸는지 물어봐도 좋습니다.

"○○이가 그린 게 뭘까?" "뱀이 나왔네."

Tip

• 이 시기 아이들에게 적합한 필기구는 손으로 잡기 좋고 조금만 힘을 줘도 그리기 편한 것이면 충분합니다. 아직 조절 능력이 부족한 시기이므로 옷이나 몸에 묻었을 때 잘 지워지는 것이면 더 좋습니다.

• 꼭 필기구가 아니어도 낙서 놀이를 할 수 있습니다. 가령 목욕 놀이를 하다가 거품으로 욕실 벽에 그림을 그리거나, 음식 만들기 놀이를 하다가 밀가루 위에 손가락으로 그림을 그릴 수도 있습니다. 다양한 끼적이기 활동을 언어 자극과 연결해보세요.

비눗방울 놀이

호흡과 즐거움을 동시에 느낄 수 있어요
"후후후, 불어"

언어 자극 Point

- **비눗방울과 관련된 어휘** 비눗방울, 동그라미, 퐁퐁, 미끌미끌, 동글동글 등

- **비눗방울 놀이와 관련된 어휘** 후후후, 톡톡톡, 날려, 날아, 많아, 멀리, 크다, 작다 등

준비물) 비눗방울 놀이 도구

1. 아이에게 비눗물이 담긴 통을 보여줍니다. 그러고 나서 빨대 등으로 비눗방울을 부는 모습을 보여줍니다.

   "비눗방울 불어. 후후후." "비눗방울 날아간다. 동그라미 모양이야."

2. 아이와 함께 날아가는 비눗방울을 따라가기도 하고, 손가락 끝으

로 터뜨려보기도 합니다.

"톡톡톡, 비눗방울 터졌어." "비눗방울 날아갔어. 따라가자."

3. 아이에게 비눗방울을 작게 또는 크게 불어줍니다.

"비눗방울 작다. 작게 불었네." "우아, 많이 나왔다."

4. 아이가 원하면 비눗방울을 불어보게 해줍니다.

"비눗방울 불어보고 싶어? ○○이가 불어볼까?" "후후~ 불어."

5. 아이가 비눗방울을 불면 잘했다고 칭찬해주고 격려해줍니다.

"맞아. 잘했어." "잘 불었어. 크게 불었네."

Tip

- 비눗방울 놀이를 통해서 '크다/작다', '많다/적다' 등 다양한 형용사 표현을 배울 수 있으므로 충분히 활용합니다.

책장 넘기기 놀이

소근육 발달을 촉진시켜요
"한번 넘겨봐"

언어 자극 Point

- **책 읽기 활동과 관련된 어휘** 책 보자, 읽어보자, ~책 보자, 어떤 책 볼까? 등

- **책장 넘기기 놀이와 관련된 어휘** 책장 넘겨봐, 같이 넘기자 등

준비물   아이가 좋아하는 책

1. 아이가 좋아할 만한 책 또는 아이가 고른 책을 준비합니다.

   "이거 볼까? 같이 보자." "딸기가 나와 있네. 이 책 보고 싶어?"

2. 손가락으로 책 제목을 짚으면서 읽어줍니다.

   (책 제목을 짚어주며) "딸기가 좋아." (책 제목을 짚어주며) "맛있는 바나나."

3. 처음에는 엄마 아빠가 책장을 넘기는 모습을 보여줍니다.

(책장을 넘기며) "다음 장 보자." "넘겨서 책 안의 내용을 볼까?"

4. 아이가 책장을 넘기고 싶어 하면 스스로 넘겨볼 기회를 줍니다.

"○○이가 해보고 싶어?" "한번 넘겨볼까?"

5. 아이가 책장을 손가락으로 넘기면 칭찬해줍니다. 처음에는 손동작이 서툴러서 여러 장을 한꺼번에 넘길 수도 있습니다.

"○○이가 책장 넘겼네." "다음 장 나왔다."

6. 처음부터 아이가 책장을 잘 넘기면 적극적으로 책장 넘기기 놀이를 할 수 있도록 격려해줍니다.

"○○이가 했어." "끝까지 다 넘겼네."

Tip

- 이 시기 아이들은 소근육이 발달합니다. 손가락으로 책장을 넘기는 놀이는 소근육을 사용하는 좋은 활동입니다.

- 모서리가 날카롭지 않은 책을 사용해야 안전합니다.

- 책장 넘기기 놀이를 할 때는 책의 내용에 집중하지 않습니다. 책을 먼저 읽은 후 책장 넘기기 놀이를 하는 식으로 진행하면 책 읽기 활동과도 연계할 수 있습니다.

심부름 놀이

아이가 이해하는 언어를 알 수 있어요
"전화기 가져와"

언어 자극 Point

- **심부름과 관련된 어휘** 가져와, 들고 와, 찾아와, 갖다 놔, 찾았어? 등

- **복잡한 지시와 관련된 어휘** ~한테 가져다줘, ~위에 올려놔 등

준비물) 없음

1. 아이가 놀고 있을 때, 주변에 있는 물건을 이야기해주면서 가져오게 합니다. 엄마 아빠가 물건을 찾는 시늉을 하면 아이도 물건 찾는 일에 참여하게 될 것입니다.

   "까까 어디 있어? 찾아볼까?" "기저귀 어디 있지?"

2. 눈앞에는 없지만 아이가 평소에 좋아하는 물건을 이야기해주면서

가져오게 합니다. 그 물건이 어디에 있는지 함께 찾아봅니다.

"사자 어디 있지?" "소방차가 안 보이네. 소방차 찾아볼까?"

3. 아이의 장난감이 아닌 일상적인 사물이나 다른 물건을 이야기해 주면서 가져오게 합니다.

"숟가락 어디 있을까?" "수건 어디 있어? 수건 찾아보자."

Tip

- 이 시기 아이들은 2~3어절의 문장을 이해할 수 있습니다. 아이가 이해하는 문장의 수준을 알아보는 가장 쉬운 방법은 심부름을 시켜보는 것입니다. 물건을 잘 찾는지부터 그 물건을 누구에게 가져다줘야 하는지 지시했을 때 이를 잘 수행하는지도 살펴볼 수 있습니다.
- 때로는 엄마 아빠가 가진 물건을 다른 사람에게 가져다주게 해도 좋습니다. "엄마한테 소방차 가져다줘", "아빠한테 숟가락 가져다줘" 등의 말로 아이의 행동을 유도할 수 있습니다.

노래 율동 놀이

노래와 율동을 연결해요
"머리, 어깨, 무릎, 발"

언어 자극 Point

- **율동과 관련된 어휘** 노래해, 춤춰, 따라 해, 같이해, 흔들흔들 등

- **즐거움을 표현하는 말** 신난다, 즐거워, 재미있어, 또 하자 등

준비물) 없음

1. 아이에게 노래를 부르며 춤을 추는 모습을 자연스럽게 보여줍니다. 가사에 맞는 몸동작이나 가사에서 언급된 신체 부위를 가리키는 모습도 보여줍니다.

   (머리, 어깨, 무릎, 발을 순서대로 짚으며) "머리, 어깨, 무릎, 발."

   (나비처럼 팔을 펴고 위아래로 움직이며) "나비가 훨훨."

2. 아이에게 엄마 아빠의 동작을 따라 해보라고 하거나 엄마 아빠와 함께해보자고 이야기합니다.

"○○이도 해볼까?" "노래 같이 불러볼까?"

3. 아이와 함께 노래를 부르며 율동할 때는 신나고 재미있게 과장된 몸짓을 하는 것이 필요합니다.

"잘하네. 신나게 춤추네." "흔들흔들~"

4. 아이에게 먼저 춤을 추거나 노래를 불러보도록 권해봅니다. 동작이 어색하고 순서에 맞지 않아도 칭찬해주고 격려해줍니다.

"이번에는 ○○이가 먼저 해볼까?"

"무슨 노래해볼까? 엄마가 따라 해볼게."

Tip

- 노래 율동 놀이는 아이가 쉽고 즐겁게 참여할 수 있는 활동입니다. 특히 노래 가사와 율동이 연결되는 경우에는 표현을 이해하는 데도 도움이 됩니다. 가령 '엉금엉금'이라는 가사를 부르며 실제로 그 모습을 율동하면서 어떤 동작인지 배울 수 있습니다.
- 노래 한 곡을 기억하고 노래 가사에 맞는 율동을 할 수 있다는 것은 아이의 언어 성장에서 매우 중요한 지점입니다.

휴지심 볼링 놀이

목표를 알고 맞출 수 있어요
"잘 보고 맞춰보자"

언어 자극 Point

- **휴지심과 관련된 어휘** 동그라미, 길어, 가벼워, 여기 봐, 뚫려 있어 등

- **굴리기 활동과 관련된 어휘** 굴려, 맞춰, 저기 있네, 굴러간다, 맞았다 등

- **맞추기 활동을 하며 느끼는 감정을 표현한 말** 우아, 됐다, 잘했다, 신나, 성공, 잘한다, 아쉽네, 아슬아슬, 한 번 더 등

준비물 휴지심, 공

1. 아이에게 휴지심을 보여줍니다. 그러고 나서 그 모양이나 특징 등을 함께 이야기해줍니다.

   "동그랗고 길게 생겼지?"

   "휴지가 돌돌 말려 있었는데, 지금은 다 쓰고 없어."

2. 휴지심을 볼링핀처럼 나란히 놓습니다. 일렬로 놓아도 좋고 2줄로 모아서 놓아도 좋습니다.

"휴지심을 놓아보자. 나란히, 나란히, 길게, 길게."

"여기에 네모 모양으로 놓아볼까?"

3. 엄마 아빠가 공으로 휴지심을 넘어뜨리는 모습을 보여줍니다.

"데굴데굴, 굴러가네." "맞았다! 휴지심이 넘어졌어."

4. 아이와 함께 넘어뜨린 휴지심을 다시 세웁니다. 이번에는 아이에게 휴지심을 넘어뜨려볼 기회를 줍니다.

"잘 보고 맞춰보자. 공을 앞으로 굴리는 거야."

"하나 둘 셋, 데굴데굴 굴러간다!"

5. '아이 한 번, 엄마 한 번, 아빠 한 번'으로 순서를 정해서 놀이를 해도 좋고, 넘어뜨린 휴지심 개수를 세면서 놀아도 좋습니다. 휴지심을 전부 다 넘어뜨릴 때까지 여러 번 놀이하면서 아이가 성취감을 느낄 수 있도록 해줍니다.

"이번에는 누구 차례지? ○○이 차례네."

"몇 개 넘어졌나 한번 세어볼까?"

- 이 시기 아이들은 미숙하게나마 목표를 향해 방향을 잡고 무언가를 던질 수 있습니다. 그러나 거리나 방향 감각이 완벽하지는 않으므로 휴지심 볼링 놀이는 너무 멀지 않은 거리에서 시도해야 합니다.

- 500ml 생수병이나 플라스틱 음료수병도 볼링 놀이 장난감으로 활용할 수 있습니다. 최대한 가볍고 다칠 염려가 없는 소재를 이용해주세요.

정리 놀이

장난감을 정리하는 순간도 활용해요
"사과는 빨간 상자에 쏙!"

언어 자극 Point

- **정리 시작과 관련된 어휘** 이제 그만, 모두 제자리, 정리하자, 그만하자, 정리 준비 등
- **장난감 정리와 관련된 어휘** 이건 어디에 놓을까?, 여기에 쏙, 상자에 담자, 넣어보자 등

준비물   장난감, 정리 상자

1. 아이에게 장난감을 정리할 시간이 되었음을 알려줍니다. 가지고 놀던 장난감을 정리하자고 이야기합니다.

   "자, 이제 그만 놀고 정리하자." "아까 놀았던 장난감, 제자리에 놓자."

2. 아이에게 장난감을 정리하는 방법을 이야기해줍니다. 장난감을 어디에 놓을지 물어봐도 좋습니다.

"이건 여기 상자에 넣자." "인형은 어디에 놓을까?"

3. 아이가 장난감을 종류별, 색깔별로 정리할 수 있도록 말해줍니다.

"여기 상자에 담자. 사과 쏙. 이번에는 뭘 넣을까?" "자동차는 여기."

4. 아이가 장난감을 하나씩 찾아서 정리를 잘하면, 장난감을 담을 상자에 대해 한꺼번에 이야기해주고, 스스로 알아서 정리할 수 있도록 유도합니다.

"사과는 빨간 상자에 쏙!" "코끼리는 이쪽에 넣어."

5. 아이가 잘 정리하면 그 행동을 칭찬해주고 다음에도 잘할 수 있다고 격려해줍니다.

"와, 정말 잘했어." "방이 깨끗해졌네. 다음에도 같이 정리하자."

Tip

- '간단한 지시 사항 따르기'를 학습적인 방법으로 하기보다는 장난감 정리와 같은 활동을 통해서 시도하면 훨씬 재미있는 언어 자극이 가능합니다. 그리고 아이도 장난감 정리를 재미있는 놀이로 생각하게 됩니다.

- 정리 놀이는 집안일을 도울 수 있는 활동이기도 하므로 장난감을 정리한 후에는 아이를 크게 칭찬해주세요. 이후에 아이가 더욱 적극적으로 장난감 정리에 참여할 수 있고, 엄마 아빠가 먼저 말하지 않아도 스스로 정리를 시도할 수 있습니다.

인형 돌보기 놀이

일상생활을 직접 놀이해보세요
"머리 감고 이 닦아"

언어 자극 Point

- **인형과 관련된 어휘** 눈, 귀, 목, 다리, 팔이 길어, 발이 커, 머리가 길어(신체 부위), 갈색, 노란색(색깔), 예쁘다, 귀엽다, 씩씩하다, 키가 커, 뚱뚱해 등

- **목욕 놀이와 관련된 어휘** 이 닦아, 수건으로 닦아, 손 씻어 등

준비물 인형, 목욕 놀이 장난감

1. 아이와 인형을 가지고 함께 놀면서 인형의 신체 부위를 짚어보고 특징을 말해줍니다.

   "콩순이 다리는 어디 있어? 다리가 길쭉길쭉."

   "머리가 검은색이네. 신발은 파란색을 신었어."

2. 목욕 놀이 장난감을 꺼내기 전에 샴푸, 수건, 치약, 칫솔 등 목욕할 때 쓰는 실제 도구들을 먼저 보여주고 이름과 기능도 설명해줍니다. "머리 감을 때 쓰는 건 샴푸야." "칫솔로 이 닦자."

3. 목욕 놀이를 하면서 아이에게 어떤 도구가 필요한지 이야기하며 함께 놀아봅니다. "머리 감을 차례야? 뭐가 있어야 하지?" "양치질할 때는?"

4. 수건으로 물기를 닦고 옷을 입히는 것으로 놀이를 마무리합니다. "다 씻었다. 이제 옷 입자." "손도 닦고 발도 닦자."

Tip

- 이 시기 아이들은 자신의 경험을 바탕으로 이야기하거나 놀 수 있습니다. 이 시기에 하는 목욕 놀이, 병원 놀이, 요리 놀이 등은 부모와 아이가 함께할 수 있는 좋은 놀이입니다.
- 병원 놀이를 할 때는 인형이 아프다고 설정해도 좋고, 엄마 아빠가 아파서 진찰을 받는 상황이어도 좋습니다. 엄마 아빠는 환자 역할, 아이는 의사 역할을 맡아 병원 놀이를 할 수 있습니다.
- 부모가 혼자 이야기를 하기보다는 아이에게 대답할 기회와 시간을 주는 것이 중요합니다. 아이에게 적절한 질문을 던지며 놀이를 해보세요.

자립심과 성취감이 쑥쑥 자라요

25~36개월 발달 포인트

돋보기 놀이 · 부분-전체 놀이 · 숨바꼭질 놀이

낚시 놀이 · 손 그리기 놀이 · 그림자놀이

병원 놀이 · 선 따라 오리기 놀이 · 물총 놀이

2가지 이상 기억하기 놀이 · 종이옷 놀이 · 물건 분류하기 놀이

종이컵 전화기 놀이 · 퍼즐 놀이 · 따라 하기 놀이

우리 아이, 이만큼 컸어요

이 시기 아이들은 언어 인지적으로 폭발적인 발전을 합니다. 따라서 다양한 활동과 구체적인 경험을 통해서 부모나 외부 환경으로부터 적절하게 자극을 받는 것이 필요합니다. 아이의 행동을 말로 설명해주고 아이가 질문에 대답하고 표현할 수 있도록 충분한 시간과 여유를 주는 것이 좋습니다. 아직 대화의 기술은 많이 부족하지만, 성인이 아동과의 대화를 지속적으로 이어가면서 말을 걸면 주고받는 형태의 대화가 가능합니다. 차례를 알기 시작해서 간단한 게임이 가능하고, 어린이집이나 유치원에서 이를 지킬 수 있습니다.

발달 포인트 ① 신체 발달이 균형을 이룬다

다양한 동작과 기능이 가능한 신체 활동을 할 수 있습니다. 이 시기 아이들은 온몸의 근육이 단단해지고 균형이 잡혀갑니다. 30개월에 접어들면 걷기도 자유로워지고, 더 튼튼해져서 어른이 걷는 형태와 비슷해집니다. 계단 오르내리기, 점프하기, 공놀이하기, 달리기를 할 수 있고, 36개월에 가까워지면 균형을 유지하면서 한쪽 발로 서 있을 수 있고, 세발자전거도 탈 수 있습니다. 뛰면서 속도를 조절할 수 있고 움직임이 많아지는 반면, 성장 속도가 완만해지면서 식욕이 감소하여 밥을 잘 먹지 않으려고 하는 경우도 생깁니다.

상징 놀이의 수준이 높아진다

놀이 상황에서 정형화된 사물을 대신해 다른 물건으로 바꿔서 놀 수 있습니다. 나무 블록으로 다리미 놀이나 자동차 놀이를 하거나 빗을 비누로 사용하기도 합니다. 빈손으로 마치 물건이 있는 것처럼 흉내도 낼 수 있는데, 그릇에 음식이 없어도 있는 듯이 시늉을 하면서 다른 사람들에게 먹어보라고 권한다거나 마트 놀이를 할 때 돈이 없어도 손으로 마치 돈을 쥐고 건네주는 행동을 할 수 있습니다. 또한 인형이나 다른 사물을 움직이고 행동시키는 '행위자'로 가장할 수 있다는 점도 큰 특징 중 하나입니다.

자기주장이 강해진다

자아의식이 커지면서 수용적으로 하던 일도 "안 해", "싫어"라는 말로 거부합니다. 자신과 관련된 일에 대해서는 "내가"라고 하면서 스스로 하겠다고 고집을 부리거나 떼를 쓰는 일도 늘어납니다. 그래서 혼자 밥을 먹으려 하거나 옷을 입으려 합니다. 또한 누가 옆에 꼭 있지 않아도 혼자서 놀 수 있습니다. 엄마가 다른 아이를 안고 있을 때 엄마 팔을 잡아당기거나 엄마를 치기도 합니다.

친구 개념이 생긴다

정서적인 발달이 매우 중요한 시기로 감정이 불안정하여 짜증이 늘어날 수 있습니다. 친숙한 환경이라면 15~30분 정도는 혼자 놀 수 있고, 친구를 좋아해서 함

께 놀기도 합니다. 사람들 사이에서 이뤄지는 여러 가지 인사말인 "안녕하세요",

"고맙습니다", "다녀오겠습니다", "잘 먹겠습니다" 등을 할 수 있습니다.

발달 포인트 ⑤ 두 단어 수준에서 문장까지 언어가 확장된다

몇 가지 의문문에 대해서 이해하고 대답할 수 있는 시기입니다. 이전 시기의 '무

엇'을 넘어서 "누구야?", "어디야?"와 같은 질문을 이해하고 대답할 수 있으며, 반

대로 아이가 어른들에게 의문사를 사용해서 "누구야?", "어디 가?"라고 묻기도

합니다. 또한 "엄마 차야?", "자동차 가?", "비행기 탔어?"와 같이 두 단어를 연결

해서 질문하기도 합니다. 첫음절에 나오는 자음들은 대부분 정확하게 발음하기

시작합니다. 하지만 여전히 단어 중간에 있거나 받침에 나오는 자음들은 발음을

잘 못하거나 아예 생략하는 경우가 종종 생깁니다. 문장의 길이가 조금씩 길어지

면서 문법적인 오류도 많이 발생하지만 아직은 걱정할 필요가 없습니다.

돋보기 놀이

본격적으로 관찰을 시작해요
"날개가 커"

언어 자극 Point

- **돋보기와 관련된 어휘** 동그라미, 안으로 보자, 검은색 테두리, 크게 보여, 여기 있어, ~찾아보자, 관찰해볼까?, 살펴보자 등
- **동물이나 사물의 일부와 관련된 어휘** 비행기 날개, 자동차 핸들, 강아지 꼬리, 사자 갈기, 샴푸 뚜껑 등

준비물) 돋보기, 동물이나 사물이 크게 나온 그림책

1. 아이에게 돋보기를 보여줍니다. 진짜 돋보기라면 실제로 동물이나 사물을 비춰보고, 종이 돋보기라면 종이 동그라미 안으로 동물이나 사물을 들여다보는 흉내를 내봅니다.

"이게 돋보기야. 무엇이든 크게 보이게 해."

"이 동그라미 안으로 봐. 보이지?"

2. 그림책을 보여주며 아이에게 동물이나 사물 이름을 말하면서 찾아보게 합니다.

   "와, 여기 동물들이 있네. 소 한번 찾아볼까?"

   "○○이가 좋아하는 비행기가 있네. 어디 있지?"

3. 엄마 아빠가 말한 동물이나 사물을 찾으면 칭찬해줍니다.

   "여기 찾았네, 소. 잘 찾았다."

   "와, 노란색 비행기도 찾고, 분홍색 비행기도 찾았네."

4. 아이가 돋보기를 들고 동물이나 사물의 특정 부분을 찾아보게 합니다. 자신감을 가지고 찾을 수 있도록 돋보기의 동그란 부분으로 정확한 위치를 짚게 해줍니다.

   "소꼬리가 어디 있을까? 엄마 손가락이랑 같이 찾아보지."

   "비행기는 찾았고, 이번에는 비행기 날개 찾아보자. 하나 둘 셋!"

5. 엄마 아빠가 돋보기를 들고 동물이나 사물의 다른 부분을 아이에게 보여준 다음, 돋보기의 동그란 부분 안에 들어온 동물이나 사물 일부분의 이름을 말하게 합니다.

   "맞았어. 바로바로~ 소 다리!" "이번에는 뭘까? 비행기 창문!"

- 이 시기 아이들은 전체와 부분의 개념이 생깁니다. 소나 비행기 등 전체 사물을 알게 된 후에 부분의 개념으로 이어집니다.

- 아이가 동물의 이름을 알고 눈, 코, 입, 꼬리 등 신체 부위를 안다면 2가지를 연결해서 질문합니다.

- 돋보기를 가지고 관찰하면서 찾아보는 활동은 아이의 호기심을 자극합니다. 아이가 찾기 어려워하거나 재미없어한다면 돋보기와 같은 구체적인 물건을 통해서 자극해봅니다.

부분-전체 놀이

부분에 대한 개념이 생겨요
"갈기가 있네. 사자야"

언어 자극 Point

- **신체와 관련된 어휘** 머리, 어깨, 무릎, 발, 눈, 코, 입, 꼬리, 다리, 팔, 이, 혀 등

- **색깔 또는 모양과 관련된 어휘** 노란색, 빨간색, 갈색, 커, 작아, 짧아, 길어, 뾰
  족해 등

- **부분-전체 맞히기 활동과 관련된 말** 맞혀봐, 똑같아, 맞혔네, 나왔네, 맞았
  어, ~됐네 등

준비물) 동물이나 사물 그림을 자른 일부, 그림을 가릴 수 있는 물건

1. 아이에게 동물이나 사물 그림 중 일부를 잘라 보여줍니다. 아이
   앞에서 그림을 반으로 가려도 좋습니다. 그다음, 동물이나 사물의
   특징을 설명해줍니다.

"귀가 길어. 그런데 귀 색깔은 하얀색이네?"

"어, 이게 무슨 동물이지? 코도 길고 입도 크네?"

2. 아이에게 동물이나 사물의 이름을 맞혀보라고 합니다. 고개를 갸
   웃하면서 아이의 호기심을 끌어도 좋습니다. 동물이나 사물의 이
   름을 설명할 때 동물원에서 봤다거나 책에서 읽었다거나 하는 등
   아이의 경험과 연결해보는 것도 좋습니다.
   "무슨 동물일까? 어제 본 그림책에 나왔던 것 같은데?"

   "이렇게 하얀색 몸에 검은색 줄무늬가 있는 동물은 뭘까?"

3. 아이가 답을 말하면 잘린 부분을 찾게 하거나 가려진 부분을 보여
   줍니다.
   "우리 ○○이가 맞혔나 볼까? 나머지 반쪽을 찾아볼까?"

   "여기 반쪽 치우고 한번 보자. 하나 둘 셋!"

4. 그림을 완성하면 다시 한번 자세히 살펴보면서 동물이나 사물의
   특징을 이야기해봅니다.
   "아, 이게 악어의 입이었구나. 이빨이 뾰족뾰족하네."

   "이건 냄비 뚜껑이었어."

5. 그림을 완성한 후 반대 방향 또는 다른 방향으로 다시 잘라보거나

가려봅니다. 처음에는 가로로 해봤다면 이번에는 세로로 해봅니다.

"이렇게 보니까 기린 목이 정말 길다."

"주전자 손잡이가 동그라미 모양이네."

Tip

- 이 시기 아이들에게는 동물이나 사물의 부분 개념이 생깁니다. 특징을 바탕으로 일부만 봐도 전체를 이해하고 파악할 수 있습니다. 작은 부분을 보여주다가 점점 더 크게 보여주는 것도 부분과 전체 개념을 알려주는 좋은 방법입니다.
- 부분에서 전체로, 전체에서 부분으로 왔다 갔다 하면서 아이가 동물이나 사물의 특징을 자세히 살펴보도록 다시 한번 이야기해주세요.

숨바꼭질 놀이

숨고 찾는 놀이를 즐겨요
"문 뒤에 숨어 있어"

언어 자극 Point

- **숨바꼭질과 관련된 어휘** 숨어라, 찾아봐, 어디 있지?, 다 숨었니? 등

- **위치와 관련된 어휘** 식탁 뒤, 문 뒤, 책상 아래, 화장실 안 등

준비물   없음

1. 아이에게 숨바꼭질 놀이를 제안합니다. 먼저 엄마 아빠가 숨을 테니 잘 찾아보라고 합니다.

   "꼭꼭 숨어라 놀이해볼까?" "아빠가 어디에 숨는지 ○○이가 잘 찾아봐."

2. 아이가 숫자를 세거나 뒤돌아서 있는 동안 엄마 아빠는 책상 아래나 문 뒤 등 아이의 눈에 띄지 않는 위치에 숨어봅니다.

"다 숨었어. 찾아봐." "이제 찾기 시작! 아빠가 어디에 있을까?"

3. 아이가 찾기를 시작하면 기다려줍니다. 한 번에 찾으면 잘 찾았다고 칭찬해주거나 격려해줍니다.

"앗, 벌써 들켜버렸네." "한 번에 찾다니 정말 대단한걸."

4. 아이가 잘 찾지 못하고 어디에 있는지 물어보면 엄마는 위치부사어를 활용해서 아빠가 숨은 위치를 이야기해줍니다.

"아빠는 책상 뒤에 숨어 있어." "방 안에서 찾아봐."

5. 아이가 잘 찾아내면, 엄마 아빠는 아이를 칭찬해주고 격려해줍니다.

"문 뒤에 있는 아빠를 잘 찾았네." "엄마를 찾았네. 잘했어!"

Tip

- 이 시기 아이들은 간단한 위치부사어의 개념을 파악할 수 있습니다. 위치부사어로 사람이나 사물의 위치를 들려주고, 그 위치에 있는 것이 무엇인지 이야기를 나눠봅니다.
- 위치부사어는 상대적인 개념입니다. 기준이 어디냐에 따라서 물건의 위치는 위가 되기도 하고 아래가 되기도 해서 아이가 어려워하고 헷갈려할 수 있습니다. 놀이나 게임으로 꾸준히 반복해서 알려주세요.

낚시 놀이

언어적 지시를 따르며 집중력을 키워요
"꽃게와 새우를 잡아"

언어 자극 Point

- **물고기와 관련된 어휘** 상어, 고래, 문어, 해마, 새우, 꽃게 등

- **낚시와 관련된 어휘** 낚싯대로 잡아, 물고기를 통에 담아 등

준비물) 낚시 놀이 장난감

1. 아이에게 상자 안에 담긴 물고기 장난감들을 보여줍니다. 상자 안
   에서 물고기들을 하나씩 꺼내며 이름을 함께 말해봅니다.
   "이건 이빨이 뾰족뾰족한 상어네." "다리가 하나, 둘… 여덟! 문어네."

2. 아이에게 낚싯대를 보여준 다음, 물고기를 잡는 모습을 보여줍니
   다. 어떻게 하면 잡을 수 있는지도 알려줍니다.

"낚싯대로 물고기를 잡아보자." "이걸로 여기를 맞추면 잡을 수 있어."

3. 낚싯대가 2개라면 엄마와 아빠가 한편이 되어, 누가 더 많이 잡는지 아이와 대결을 해봅니다.

"누가 많이 잡나 해보자." "아빠는 빨간 통에 ○○이는 노란 통에 담자."

4. 두 번째 낚시 놀이를 할 때는 아이에게 2가지 물고기를 말해주고 기억해서 잡을 수 있도록 해봅니다.

"이번에는 꽃게랑 새우를 잡아볼까?" "고래와 해마를 잡아줘."

5. 물고기들은 이름 외에도 특징으로 분류할 수 있습니다. 색깔과 모양 등 다양한 범주로 이야기하면서 낚시 놀이를 시도해봅니다.

"빨간색 물고기들만 잡아보자." "꼬리가 큰 것들로만 잡아볼까?"

Tip

- 낚시 놀이 장난감이 없다면 직접 만들 수 있습니다. 물고기 그림을 잘라 입 부분에 클립을 끼우고 낚싯대는 자석을 활용해 만들어서 낚시 놀이를 해봅니다.
- 낚시 놀이는 언어적 지시 따르기 활동임과 동시에 물고기를 잡는 동안 집중력을 키울 수 있으며 소근육의 발달에도 도움이 됩니다.

손 그리기 놀이

따라 그리기를 할 수 있어요
"손을 그려볼까?"

언어 자극 Point

- **신체와 관련된 어휘** 손, 발, 엄마 손, 아빠 발, 몸, 얼굴, 다리, 팔, 손가락, 발가락 등

- **그리기 활동과 관련된 말** 손 올려봐, 따라 그려봐, 간질간질, 무슨 색으로 그릴까?, 누가 더 커?, 누가 더 작아?, 색칠해볼까? 등

준비물) 종이, 크레파스나 색연필

1. 아이에게 종이를 보여주고 손을 그려보자고 제안합니다.

   "엄마가 ○○이 손 그려줄게. 여기 올려봐."

   "무슨 색깔로 그려줄까? 한번 말해봐."

2. 엄마 아빠가 먼저 크레파스나 색연필을 들고 종이 위에 올려놓은
   아이의 손을 천천히 따라 그리면서 손의 모양이나 느낌을 이야기
   해줍니다.

   "길쭉길쭉 예쁜 ○○이 손가락." "손가락이 간질간질."

3. 다 그린 다음, 아이에게 종이에서 손을 떼게 하고 엄마 아빠가 손
   을 따라 그린 모양을 보여줍니다.

   "와, 손이 완성됐네. 손가락이 하나, 둘, 셋, 넷, 다섯!"

   "우리 ○○이 손 많이 컸다."

4. 이번에는 아이에게 엄마 아빠의 손을 그려보게 합니다. 아이의 손
   에 크레파스나 색연필을 쥐여주고 엄마 아빠의 손을 천천히 그려
   보게 합니다.

   "아빠는 손가락이 길다. 엄지손가락, 집게손가락, 잘 따라 그리네."

   "와, 엄마 손도 완성! 다 됐다. 잘했네."

5. 아이가 그린 엄마 아빠의 손, 그리고 엄마 아빠가 그린 아이의 손
   그림을 놓고 비교해봅니다.

   "누구 손이 더 커? 아빠 손이 더 커." "우리 ○○이 손이 더 작다."

6. 마찬가지 방법으로 발도 그려봅니다. 발의 모양이나 느낌을 확인

하면서 발가락, 발등, 발바닥 등 세부적인 신체 명칭도 함께 이야

기해줍니다.

Tip

- 손이나 발을 따라 그리면서 신체의 크기나 모양을 이야기해볼 수 있
  습니다. '～보다', '더', '크다/작다'와 같은 비교급 표현을 자연스럽게
  노출해주세요.

그림자놀이

형태가 바뀌어도 무엇인지 알아요
"이런 모양은 무슨 과일일까?"

언어 자극 Point

- **형태적 특징과 관련된 어휘** 꼭지가 있네, 동그란 모양이 달려 있네, 울퉁불퉁 하네, 네모 모양이네 등

- **아이 스스로 특징을 알도록 유도하는 말** 뭐가 숨어 있을까?, 무슨 모양이 지?, 뭐가 보여?, 뭐가 나올까? 등

준비물 검은색 종이로 덮어놓은 사물 카드(사물 카드 위에 그림 모양에 맞게 검은색 종이를 잘라서 덮어놓은 형태입니다. 검은색 종이를 들추면 카드 속 사물이 보이도 록 살짝 붙여놓아도 좋습니다.)

1. 아이에게 검은색 종이로 덮어놓은 사물 카드를 보여줍니다. 사물 카드의 그림을 보여주면서 그림에서 볼 수 있는 특징을 엄마 아빠

가 먼저 설명해줍니다.

"여기 꼭지가 보이네. 동그라미들이 대롱대롱 달려 있네."

"막대기처럼 긴데, 끝에 뾰족뾰족한 것이 보이네."

2. 아이에게 엄마 아빠의 설명을 들으며 모양을 보고 추측해서 무엇인지 맞히도록 유도합니다.

"어떤 모양일까? 말해줄 수 있어?" "무엇인지 알겠어? 이야기해줄래?"

3. 엄마 아빠의 설명을 들려주면서 이야기를 나누다가 아이 스스로 검은색 모양의 특징을 찾게 합니다.

"뭐가 숨어 있는 것 같아?" "어떤 모양이 들어 있는 것 같아?"

4. 아이가 답을 말하면 그것이 맞는지 사물 카드 위의 검은색 종이를 살짝 뜯어내거나 들춰서 무엇이 그려져 있는지 보여줍니다.

"우리 맞나 한번 보자. 하나 둘 셋!"

"○○이는 청소기라고 했는데, 우리 한번 볼까?"

5. 아이가 특징을 말하기도 전에 뭔지 알겠다고 바로 답을 말하면 무엇 때문에 알 수 있었는지 물어봅니다.

"맞았어! 그런데 그걸 어떻게 알았어?" "어떤 것을 보고 알았어?"

- 이 시기 아이들은 사물의 이름과 함께 특징도 알 수 있습니다. 사물의 특징을 아직 말로 표현하기는 어렵더라도 그것을 설명하는 이야기를 들으면서 '설명은 저렇게 하는 거구나', '저렇게 이야기하는 거구나' 등 좋은 아이디어를 얻을 수 있습니다.

- 사물의 실루엣만 보고 무엇인지 알아내는 과정은 관찰력과 집중력을 필요로 합니다. 아이가 정답을 잘 맞히지 못하더라도 조급해하지 말고 격려해주세요.

병원 놀이

익숙한 경험을 놀이로 연결해요
"목이 아프네. 어디 가야 하지?"

언어 자극 Point

• **아픈 상태를 표현하는 말** 배가 아파, 머리가 아파, 목이 부었어, 열이 나 등

• **병원과 관련된 어휘** 병원, 약국, 청진기, 체온계, 혈압계, 의사, 간호사 등

준비물 병원 놀이 장난감

1. 병원 놀이 장난감을 준비합니다. 아이에게 병원에 다녀온 경험을
   떠올리게 합니다.
   "우리 얼마 전에 병원 갔었잖아?" "병원에서 누구 만났지?"

2. 병원 놀이 장난감 상자에 들어 있는 도구를 하나씩 꺼내면서 무엇
   인지 이야기해줍니다. 그리고 무엇을 하는 도구인지도 함께 이야

기해줍니다. 아이의 언어 수준에 따라 엄마 아빠가 설명을 해주거나 아이에게 설명하게 하고 이름을 말하게도 합니다.

"이건 청진기네. 이걸로 어디가 아픈지 소리를 들어."

"이건 뭘까? 맞았어. 체온계야."

3. 아이에게 엄마 아빠가 아픈 부위를 이야기하면서 병원 놀이를 제안합니다.

"엄마가 배가 아파. 병원에 가야겠어."

"아빠가 열이 나는 것 같아. 어서 치료해주세요."

4. 아이 목에 청진기를 걸어주거나 체온계를 건네주면서 의사 역할을 하도록 모델링을 해줍니다. 아이가 해야 할 말을 엄마 아빠가 먼저 이야기해주고 눈짓이나 몸동작을 통해서 기꺼이 발화하도록 유도합니다.

(눈짓으로 큐 사인을 주며) "어디가 아프세요?"

(눈짓으로 큐 사인을 주며) "열이 많이 나나요?"

5. 병원에서 쓰이는 다양한 도구를 활용해 진찰부터 약을 먹는 과정까지 아이와 함께 시도해봅니다.

"약을 먹으면 나을 거예요." "붕대를 감을게요."

6. 의사든 환자든 적절한 역할을 하도록 알려주고, 아이가 자연스럽게 이끄는 대로 따라가면서 역할 놀이를 합니다.

"이번에는 우리 ○○이가 환자 역할을 해볼까?"

"어디가 아파서 오셨나요?"

Tip

- 이 시기 아이들은 엄마 아빠 또는 주변의 모델링을 보고 적절한 활동으로 연결할 수 있습니다. 따라서 역할 놀이를 할 때 어떤 말을 어떻게 해야 하는지 알려주는 것은 매우 중요합니다.

- 아이에게 "이렇게 말해봐", "저렇게 말해봐"와 같이 따라 하기를 지나치게 강요하지 말고 자연스러운 발화를 유도해야 합니다. 눈짓 등으로 자연스럽게 큐 사인을 주면서 아이의 차례임을 알려줍니다.

선 따라 오리기 놀이

가위질을 할 수 있어요
"가위로 오려보자"

언어 자극 Point

- **오리기 활동과 관련된 어휘** 가위, 오려, 싹둑싹둑, 맞춰서 오려볼까?, 무엇부터 오려볼까? 등

- **가위로 오린 모양과 관련된 어휘** 포도, 사과, 딸기, 치마, 창문, 동그라미, 세모, 네모 등(범주별로 하면 더욱 좋습니다.)

준비물) 사물이 그려진 종이, 안전 가위

1. 아이에게 가위를 보여줍니다. 가위의 모양이나 색깔, 그리고 어떻게 사용하는 것인지 알려줍니다.
   "이건 가위야. 싹둑싹둑." "빨간색 손잡이네. 여기는 위험해."

2. 이번에는 아이에게 가위로 오릴 수 있는 종이를 보여줍니다. 아이와 함께 종이에 그려진 그림을 보며 이름을 말해봅니다.

"우아, 여기 과일이 많네. 사과, 포도, 이건 뭐야?"

"여기는 집에서 보는 물건들이네. 텔레비전, 소파, 시계."

3. 아이가 그림을 보고 자신의 경험을 말하거나 사물의 특징을 말하면 함께 이야기를 나눠봅니다.

"맞아. 여기 있는 냄비, 우리 집에 있는 거랑 똑같네."

"딸기가 엄청 맛있어 보인다. 어제 우리가 먹었던 딸기 맛있었지?"

4. 아이에게 엄마 아빠가 가위로 종이를 오리는 모습을 먼저 보여줍니다. 이때 오릴 대상에 대해서 미리 설명해줍니다.

"엄마는 ○○이가 좋아하는 포도를 오릴게."

"아빠가 사자를 오릴 거야. 사자 어디 있어? 알려줘."

5. 아이에게 가위를 주고 오리게 합니다. 선 따라 오리기는 쉽지 않은 과제이므로 처음에는 아이가 자기 마음대로 오리더라도 기다려주고 격려해줍니다.

"가위로 동그라미를 오려보자." "○○이는 뭐부터 오리고 싶어?"

- 아이에게 오려야 할 것이 무엇인지 물어보거나 무엇을 오리고 싶은지 스스로 정하게 하는 것은 매우 중요합니다. 아이는 스스로 결정하고 설명하는 과정에서 자신감을 얻을 수 있습니다.

- 가위로 종이 오리기는 아이의 소근육을 키워주는 활동입니다. 아이에 따라 가위 잡기가 어색하거나 오리기를 힘들어하는 경우도 있습니다. 따라서 무리하게 오리기를 시키기보다는 오리기는 엄마 아빠가 하고 아이는 엄마 아빠가 설명하는 사물이 무엇인지 맞히게 하는 편이 더 좋습니다.

물총 놀이

목표를 맞추기 위해 방향을 조절해요

"사과를 맞춰"

언어 자극 Point

- **물총 놀이와 관련된 어휘** 물총, 슈웅, 잘 맞춰보자, 총으로 맞춰볼까?, 무엇부터 맞춰볼까? 등

- **맞출 대상의 크기, 모양, 순서, 무게와 관련된 어휘** 큰 것부터, 작은 것부터, 빨간색, 동그라미, 가벼워, 무거워 등

준비물) 물총, 물총을 쏴서 맞출 물건

1. 야외나 욕실에서 물총에 물을 넣고 눌러서 물이 앞으로 나가는 모습을 보여줍니다.

   "물총에서 물이 나오네." "물이 앞으로 출발!"

2. 이번에는 물총을 쏴서 맞출 수 있는 다양한 물건들을 보여줍니다.

"이건 초록색 병이네. 가볍다." "파란 물고기가 있네."

3. 아이에게 물총을 쏴서 물건을 맞추는 모습을 보여줍니다. 그다음, 맞추는 순서나 어떤 것을 맞춰야 하는지도 말해줍니다.

"멀리 있는 것부터 해볼게." "제일 큰 것부터 맞춰볼게."

4. 아이에게 기회를 주고 물총을 쏴서 물건을 맞추게 합니다. 엄마 아빠가 말하는 것이 무엇인지 잘 듣고 그 물건을 맞추게 합니다. 아이가 잘 맞추면 손뼉을 치고 칭찬해줍니다.

"초록색 곰을 맞춰봐." "네모 모양으로 생긴 걸 맞춰볼래?"

5. 아이에게 엄마 아빠가 무엇을 맞춰야 할지 말해보게 합니다.

"엄마가 맞출 것을 이야기해줘."

"아빠가 ○○이가 말한 거 정말로 맞춘 거야?"

Tip

- 물총 놀이는 재미있으나 활동을 마치고 나서 치우고 정리하는 일이 여간 쉽지 않습니다. 따라서 아이와 밖에 나가거나 목욕할 때 같이하면 청소 부담도 줄고 더 즐겁게 참여할 수 있습니다. 야외에서 물총 놀이를 할 때는 사람이 있는 쪽으로 물총을 쏘지 않도록 주의해주세요.

- 맞추는 물건은 물총의 힘만으로 잘 움직이거나 넘어질 수 있도록 가벼우면서도 바닥과의 밀착도가 낮은 것이 좋습니다.

2가지 이상 기억하기 놀이

복잡한 지시를 다룰 수 있어요
"사과, 포도 어디 있지?"

언어 자극 Point

- **2가지 이상 기억하기 놀이와 관련된 어휘** ○와 □를 가져와, 아빠한테 ○ 엄마한테 □, △ 가져와서 잘라 등(명사 2가지, 동사 2가지, 지시하기 2가지)

준비물) 사물 장난감

1. 여러 가지 사물 장난감을 고르게 흩어놓고 아이의 눈앞에서 보여줍니다. 처음에는 4~6개 정도에서 아이가 아는 사물 이름들을 위주로 놀이를 시작합니다. 이후에 지칭하는 사물의 개수를 점점 늘려도 좋습니다.

   "사과, 포도 주세요." "경찰차랑 접시 주세요."

2. 문장 중간에 2가지 동사를 연결해서 말해주고 지시에 따르도록 해봅니다.

"바나나 잘라서 아빠 줘." "휴지 가져와서 닦아."

3. 아이가 2가지 이상 지시한 사항을 잘 수행해내면, 그다음에는 명사와 동사를 연결해서 '○에게 □하고, △에게 ◇하라'는 형태로 지시를 내려봅니다.

"엄마한테 복숭아 주고, 아빠한테 수박 주세요."

"뽀로로는 소방차 타고, 크롱은 기차 타자."

4. 아이가 중간에 지시 사항을 잊어버리거나 행동을 멈추면 다시 한 번 전체 문장을 반복해서 들려줍니다. 아이가 잘 기억해서 행동하면 칭찬해주고 격려해줍니다.

"엄마가 다시 들려줄게. 잘 듣고 찾아보자."

"맞아. 그렇게 하는 거야. 정말 잘했어."

Tip

- 2가지 이상 기억하기 놀이에서는 아이가 충분히 잘 알고 있는 단어를 사용해야 합니다. 모르는 단어는 되도록 쓰지 않는 것이 좋습니다. 놀이를 시작하기 전에 아이가 아는지 모르는지 불확실한 단어는 "이게 뭐야?"라고 질문해서 확인해봅니다.

- 장난감을 정리할 때와 같은 상황에서 2가지 이상 기억하기 놀이를 하면 좋습니다. 그러면 아이는 장난감 정리를 재미있는 놀이로 기억할 수 있습니다.

종이옷 놀이

옷 갈아입기에 관심이 있어요
"긴 치마 입어보자"

언어 자극 Point

- **옷과 관련된 어휘** 셔츠, 바지, 치마, 원피스, 수영복, 잠옷, 장갑, 목도리 등

- **옷의 특징과 관련된 어휘** 긴 치마, 노란 원피스, 두꺼운 바지, 털장갑 등

- **옷을 입고 벗는 행동과 관련된 어휘** 옷 입어, 옷 벗어, 추워, 더워 등

준비물 옷 그림이 그려진 종이, 안전 가위, 인형

1. 옷 그림이 그려진 종이를 오리기 전에 전체 종이를 먼저 보여줍니
   다. 그러고 나서 아이와 함께 옷 이름을 이야기해봅니다.
   "여기에 옷이 많이 그려져 있네."
   "옷 이름을 한번 이야기해볼까? 점퍼, 코트, 셔츠."

2. 그 옷들을 언제, 어떤 상황에서 입는지 이야기를 나눠봅니다.

"이건 수영복이네. 언제 입을까? 수영할 때 입는 거지."

"날씨가 추우면 뭘 입을까?"

3. 아이와 함께 가위로 종이에 그려진 옷들을 오려봅니다. 오리는 동안 옷의 특징에 대해 이야기를 나눠봅니다.

"이 옷은 원피스네." "○○이가 입은 바지랑 똑같은 색깔이네."

4. 인형에 옷을 입혀봅니다. 이때 계절이나 덥고 추운 느낌 등을 먼저 말해주면 좋습니다.

"날씨가 추우니까 코트 입어보자." "날씨가 덥네. 반바지 입어야겠다."

5. 바지나 치마, 셔츠 등이 여러 벌 있다면 특징을 이야기하면서 아이와 옷을 입고 벗는 활동으로 연결해도 좋습니다.

"긴 치마 입어보자." "노란색 바지 벗고, 파란색 바지 입자."

> **Tip**
> - 옷 입히기 놀이 장난감이나 아이의 옷으로 옷 갈아입기 놀이를 해도 좋습니다.
> - 옷 갈아입기 놀이를 하면서 그 옷을 언제, 어떻게 입는지, 어떤 특성이 있는지 등을 함께 이야기하며 자연스럽게 옷에 대해 설명해주세요.

물건 분류하기 놀이

가족이 사용하는 물건의 특징을 알아요
"넥타이는 누구 거?"

언어 자극 Point

- **소유와 관련된 어휘** 엄마 것, 아빠 것, 내 것, 할아버지 것, 할머니 것 등

준비물 가족 물건, 가족사진, 상자

1. 아이에게 여러 물건을 보여주며 이름과 특징을 말해줍니다.

   "이게 뭐야? 립스틱. 화장할 때 쓰는 거." "이건 딸랑이네? 딸랑딸랑~"

2. 준비한 물건을 모두 바닥에 내려놓고 아이에게 물건을 찾아보게

   합니다. 물건 이름으로 찾게 해도 되고, '아빠 것'이나 '엄마 것'과

   같이 소유 개념을 통해서 찾게 해도 됩니다.

   "자, 이제 아빠 것 찾아볼까?" "엄마가 쓰는 건 어디 있지?"

3. 아이가 분류한 물건을 아빠 사진 또는 엄마 사진 위에 올려놓거나 상자에 넣게 합니다.

   "아빠 물건은 빨간 상자에 넣자." "할아버지 물건은 사진 위에 두자."

4. 아이가 찾지 못하거나 제대로 분류하지 못하는 물건이 있다면 해당 물건을 집어 들어서 찾을 수 있도록 말해줍니다.

   "넥타이는 누가 하는 걸까?" "큰 양말은 누구 거지?"

5. 가족들이 그 물건을 언제, 어떻게 쓰는지 이야기해줍니다.

   "젖병은 동생이 언제 쓰는 걸까?" "엄마가 스타킹을 언제 어떻게 쓰지?"

6. 그 물건을 쓰는 가족이 집에 있다면 물건을 그 사람에게 가져다주게 합니다.

   "이거 누가 쓰지? 주인에게 가져다줄까?" "이 물건은 누구에게 줄까?"

> **Tip**
> - 이 시기 아이들은 간단한 분류 활동이 가능합니다. 평소 엄마 아빠가 잘 쓰는 물건의 분류 작업을 할 수 있습니다. 아빠가 넥타이를 평소에 착용하지 않는다면 노출시키는 차원에서 보여주도록 합니다.

종이컵 전화기 놀이

질문에 대답할 수 있어요
"뭐 타고 갔어?

언어 자극 Point

● **전화기 놀이와 관련된 어휘** 따르릉따르릉, 여보세요, 전화 받아, 어디 있어? 등

● **궁금한 것을 질문할 때 쓰는 말** 누구랑 갔어?, 뭐 먹었어? 등('누구', '무엇'과 관

련된 질문)

준비물 종이컵 전화기(종이컵 2개를 실로 연결한 것)

1. 아이가 있는 곳으로 종이컵 전화기의 한쪽을 가져다줍니다. 아이
   방 손잡이에 걸어둬도 좋고, 아이가 노는 바닥에 전화기를 올려놓
   아도 좋습니다. 전화기를 흔들어서 전화가 왔음을 알려줍니다.
   "따르릉~ 전화 왔어요." "○○아, 전화 왔어. 전화 받아."

2. 전화기에서 나는 소리를 들으려면 종이컵을 귀에 대야 하고, 말을 하려면 입에 대야 하는 것을 알려줍니다.

"말을 할 때는 종이컵을 입에 대고 말해줘."

"소리를 들을 때는 귀에 대고 들어봐. 아아~"

3. 전화기를 흔들어서 다시 한번 전화가 왔음을 알려줍니다.

"따르릉따르릉~ 전화 왔어요. 전화 받아줘."

"귀에 대고 전화 받아."

4. 아이가 전화를 받으면 안부 전화를 하듯이 질문합니다.

"누구세요? 우리 ○○이구나." "지금 뭐 하고 놀고 있었어?"

5. 아이가 질문에 대한 대답을 원활하게 하지 못하면 엄마 아빠가 대답을 어떻게 해야 하는지 모델링을 해줍니다.

"어제 할머니랑 뭐 먹었어? … 아, 짜장면 먹었지."

"어린이집에 갈 때 뭐 타고 갔어? … 노란색 버스."

Tip

- 질문에 대답하기는 경험을 구체화할 수 있는 활동입니다. 특히 엄마 아빠와 함께 다양한 이야기를 나누면서 질문을 듣고 대답하는 능력을 키

울 수 있습니다.

- 지금 또는 가까운 과거의 이야기에 대해 질문하면 아이가 대답하기 싫어할 수 있지만, 종이컵 전화기와 같은 재미있는 놀이를 활용하면 질문에 대답하기가 좀 더 원활하게 이뤄집니다.

퍼즐 놀이

공간 지각 개념이 생겨요
"여기 위에 어디 있지?"

언어 자극 Point

- **퍼즐 놀이와 관련된 어휘** 모양 맞춰, 종이 잘라, 몇 개로 잘라볼까? 등

준비물) 그림이 그려진 종이, 안전 가위

1. 아이에게 퍼즐 놀이를 할 수 있는 그림을 보여줍니다. 전체적인 구도에서 그림의 형태나 위아래를 알 수 있도록 그림에 대해서 함께 이야기를 나눠봅니다.

   "여기 위에 새가 훨훨 어딘가로 날아가고 있네."

   "코끼리 코가 하늘로 올라가 있어."

2. 아이 앞에서 가위로 그림을 자릅니다. 처음에는 4조각 정도의 네

모난 형태가 좋습니다.

"자, 이제 엄마가 4조각이 나오게 그림을 잘라볼게."

"아빠가 네모 모양으로 자를게."

3. 자른 그림을 놓고 아이와 함께 맞춰봅니다. 자른 조각을 아이가 혼자 맞출 수 있도록 지켜보고, 잘 맞추지 못하면 처음에 봤던 그림을 떠올릴 수 있도록 힌트를 줍니다.

"아까 새가 어디 있었지?" "이건 발이네. 맨 아래에 있어야겠다."

4. 아이가 잘 맞추면 칭찬해줍니다. 그다음, 이번에는 퍼즐을 몇 조각으로 자를지 물어봅니다. 이미 맞춘 퍼즐을 더 많이 잘라서 작게 조각내어도 좋고, 새로운 그림을 잘라도 좋습니다.

"너무 잘했는데! 이번에는 몇 조각으로 더 나눠볼까?"

"새로운 건 몇 조각으로 잘라볼까?"

5. 아이가 퍼즐 조각 맞추기를 잘 수행하면 퍼즐 모양을 다양한 형태로 만들어봅니다. 모양이 다양할수록 어려운 퍼즐이 됩니다.

"구불구불한 모양이네. 어떻게 다시 만들지?"

"이렇게 어려운 것도 잘하다니 대단하다!"

Tip

- 퍼즐 놀이를 할 때는 그림의 모양이 간단하고 분명한 것이 좋습니다. 처음에는 네모 모양으로 자르다가 아이가 퍼즐 조각 맞추기를 잘하면 동그라미나 곡선 등 다양한 모양으로 잘라줍니다. 조각의 숫자도 3, 4개에서 더 많은 조각으로 나눌 수 있습니다.

따라 하기 놀이

행동을 따라 할 수 있어요
"눈사람처럼 해보자"

언어 자극 Point

- **따라 하기와 관련된 어휘** 나처럼 해봐라, ~처럼 해봐, 이렇게 해봐, 똑같이
  해봐, ~만들어봐 등

준비물   없음

1. 거실이나 넓은 공간에서 아이에게 따라 하기 놀이를 제안합니다.
   "따라 하기 놀이를 해볼까? 엄마 하는 대로 따라 해봐."
   "나 따라 해봐라. 요렇게~"

2. 엄마 아빠가 먼저 아이가 따라 하기 좋은 모습으로 시범을 보여줍
   니다. 손으로 동그라미 또는 세모를 만드는 것처럼 쉬운 모양으로

따라 하도록 유도해봅니다.

"엄마가 동그라미 만들었네. ○○이도 한번 해볼까?"

"와, 잘 만들었다!"

3. 이번에는 아이가 만드는 모양을 엄마 아빠가 따라 해봅니다.

"이번에는 ○○이가 해봐. 아빠가 따라 해볼게."

"어, 뭘 만든 거지? 엄마가 한번 똑같이 해볼게."

4. 아이가 잘 따라 하고 스스로 모양도 잘 만들면 이번에는 동물이나 사물 등을 상상해서 몸으로 표현해줍니다. 그리고 그 행동을 따라 해보면서 무엇인지 맞혀보게 합니다.

"자, 이번에 몸으로 만든 건 뭐게? 따라 해봐."

"이건 누구일까? 맞았어. 사자야."

5. 이번에는 동물이나 사물의 이름을 말하고, 그 동물이나 사물을 몸으로 표현해봅니다.

"이번에는 눈사람이 되어볼까?" "상어 흉내를 내볼까?"

- 다른 사람의 행동을 모방하는 것은 더 어린 시기부터 시작되는 특징입니다. 이 시기 아이들은 좀 더 복잡하고 구체적인 모방이 가능합니다.

- 이 시기 아이들은 동물이나 사물의 특징을 알고 있습니다. 기린은 목이 길고 사자는 갈기가 있고 악어는 입을 크게 벌린다는 등의 특징을 알고 그것을 표현할 수 있습니다. 그 특징을 말과 몸으로 함께 표현하도록 하는 것은 매우 즐거운 언어 자극 활동입니다.

다른 사람들에게
인정받고 싶어 해요

37~48개월 발달 포인트

짝짓기 놀이 · 이야기 만들기 놀이 · 계단 오르내리기 놀이

물건 위치 맞히기 놀이 · 몸 그리기 놀이 · 색종이 뒤집기 놀이

반대말 놀이 · 우리 집 역할 놀이 · 가게 놀이

지시대로 만들기 놀이 · 클레이 놀이 · 젠가 놀이

전단지 놀이 · 경험 나누기 놀이 · 나뭇잎 얼굴 만들기 놀이

우리 아이, 이만큼 컸어요

이 시기 아이들은 이전에 비해 대근육이나 소근육 발달이 많이 이뤄져서 운동량이 늘어나고 움직임도 좀 더 활발하며 디테일해집니다. 어떤 주제를 가지고 미리 계획하면서 놀이를 진행하는 것이 가능해져서 다양한 방법으로 놀 수 있습니다. 이 시기 아이들은 '나'와 '너'에 대한 개념을 깨달으면서 필요한 생활 습관과 규칙을 배우고 지키려고 합니다. 어린이집, 유치원 등 유아 교육 기관에서 보내는 시간이 많아지면서 친구와 함께 놀며 차례 지키기, 양보하기, 협력하기 등 일상생활에서 지켜야 할 것들을 배웁니다.

발달 포인트 ① 운동 기능이 발달한다

걷고, 뛰고, 구르고, 점프하는 활동에 큰 어려움이 없으며 대부분의 신체 놀이나 체육 활동에 적극적으로 참여할 수 있습니다. 손목의 움직임이 좋아져서 연필을 손에 쥐고 선을 긋거나 동그라미를 그릴 수 있습니다. 클레이로 무언가를 만들거나 블록을 쌓거나 그림을 그리는 등의 활동도 좀 더 원활하게 이뤄집니다. 손목을 자연스럽게 사용해서 입과 음식을 오가며 숟가락을 움직일 수 있기에 숟가락의 사용도 훨씬 더 편해집니다.

사고력이 발달하면서 아이는 인과 관계에 따라 추론을 할 수 있습니다. 때로는 정확하고 올바른 인과 관계의 추론이 아닌데도 이를 굳게 믿습니다. 예를 들어 '내가 말을 안 들어서 엄마가 아프다'라고 생각하는 경우입니다. 그리고 이전보다 깊이 사물을 탐색하고, 이를 바탕으로 사물과 사물을 연관 지어 생각할 수 있습니다. 일의 순서를 알아 다음에 어떤 일이 일어날지도 이야기할 수 있습니다. 또한 이 시기 아이들은 크기, 공간, 양에 대해 이해하고 비슷한 점을 찾아내어 분류하기를 즐기며 부분과 전체의 개념을 이해합니다.

인형이나 다른 사물을 움직이고 행동을 할 수 있는 행위자로 가장하거나 다른 사람의 역할을 가장해서 놀 수 있습니다. 가장 흔히 볼 수 있는 모습은 인형을 살아 움직이는 생명체로 가장하여 우는 소리를 내면서 인형이 운다고 말한다거나 인형이 걷거나 말하는 것처럼 행동하는 것입니다. 때로는 아이가 다른 사람을 가장하는 행동도 보이곤 하는데, 엄마의 구두를 신으며 "엄마, 나갔다가 올게"라고 말한다거나 "너 왜 이렇게 말을 안 듣니?" 하면서 아빠처럼 동생이나 인형을 혼내기도 합니다. 인형 2개를 놓고 서로 대화를 나누게 하며 역할 놀이를 하면서 놀 수 있습니다.

단어를 연결해 비교적 긴 문장을 구사하기 시작합니다. 문장의 기본 구조를 알고 간단한 2가지 사건을 일어난 순서에 따라 연결해서 말할 수 있습니다. '무엇', '누구', '어디' 등 모든 의문사를 사용해서 말할 수 있고, 여기서 더 나아가 '왜냐하면'을 사용해서 문장을 말할 수 있습니다.

발달 포인트 ⑤ 다른 사람에게 칭찬받고 싶어 한다

다른 사람에게 잘 보이고 싶다는 욕망이 생겨 눈치를 보면서 스스로 행동을 조절하기 시작합니다. 할머니, 할아버지, 선생님 앞에서는 엄마 아빠 앞에서와는 다르게 예의 바른 행동을 하거나 애교가 늘기도 합니다. 주변 상황에 대해 인식을 하면서 자신의 감정을 상황과 사람에 따라 다르게 표현할 줄 알게 됩니다. 자신의 감정을 잘 받아주는 아빠에게는 함부로 하는 태도를 보이다가도 엄마의 엄한 모습에는 한껏 긴장하기도 합니다. 따라서 이 시기에는 양육이나 훈육에 있어서 부모의 일관된 태도가 매우 중요합니다.

짝짓기 놀이

사물의 특징을 구별할 수 있어요
"숟가락의 짝꿍은?"

언어 자극 Point

- **짝짓기 놀이와 관련된 말** ~와 짝꿍이 어디 있어?, ~하려면 뭐 있어야 해? 등
- **서로 짝을 이루는 어휘** 숟가락-포크, 연필-지우개, 실-바늘 등

준비물 단어 카드

1. 아이에게 여러 가지 단어 카드를 보여주며 어떤 사물과 짝을 이루는 사물이 무엇인지 이야기를 나눠봅니다.

   "빗자루가 있네. 그럼 뭐가 같이 있어야 하지?"

   "여기 크레파스가 있네. 뭐가 같이 있어야 할까?"

2. 아이가 짝이 되는 물건을 잘 찾거나 이야기하면 칭찬해줍니다. 만

일 짝이 되는 물건을 찾기 어려워하면 여러 가지 물건 중에서 고르도록 유도합니다.

"맞아, 잘 찾았어." "어려우면 여기 있는 그림(물건) 중에서 골라봐."

3. 아이가 짝이 되는 물건을 고를 때 상황을 예시로 들며 말해줍니다. 가령 청소할 때, 바느질할 때, 그림을 그릴 때 등과 같이 특정한 상황에 맞춰 짝이 되는 물건을 찾게 유도합니다.

"청소해야 하는데 뭐가 있어야 할까?"

"빨래해야 하는데 뭐가 필요할까?"

4. 아이가 짝이 되는 물건 고르기에 익숙해지면 2가지 물건이 있을 때 무엇을 할 수 있는지 이야기를 나눠봅니다.

"○랑 □가 있으면 무엇을 할 수 있을까?"

"△랑 ◇로 할 수 있는 건 뭘까?"

> **Tip**
> - 놀이 상황과 연결시키지 않더라도 아이와 있을 때 "밥 먹어야 하는데 숟가락이 있어. 뭐가 더 있어야 하지?"와 같이 특정한 상황에 필요한 짝짓기 놀이를 해도 좋습니다.
> - 이 시기 아이들은 상황(밥 먹는 상황)과 물건(숟가락, 포크)을 연결시키기도 하고, 물건(숟가락, 포크)과 상황(밥 먹는 상황)을 연결시키기도 합니다.

따라서 "숟가락으로 무엇을 할 수 있지?", "밥을 먹으려면 무엇이 있어야 해?"처럼 질문할 때 양쪽을 모두 활용하면 아이의 언어능력을 더욱 키울 수 있습니다.

이야기 만들기 놀이

앞뒤 순서와 이야기 흐름을 이해해요
"이거 다음에 뭐가 오지?"

언어 자극 Point

- **이야기를 연결해주는 말** 앞에는 뭐가 나올까?, 뭐가 먼저지?, 다음에 뭐가
  올까? 등

- **장면을 추측하게 하는 말** 나무는 어때?(봄, 여름, 가을, 겨울의 특징), 나비가 어디
  에 있어?(위치의 변화), 많아졌네/적어졌네(양의 많고 적음), 빨리 달리다가 넘어
  졌네(원인과 결과) 등

준비물 아이가 좋아하는 그림책

1. 처음에는 아이에게 책장을 한 장씩 넘기며 그림을 보여줍니다. 이
   야기보다는 그림에 어떤 장면이 나오는지, 등장인물들이 무엇을
   하는지 관찰하게 합니다.

"뽀로로가 뭐 하고 있어? 케이크 먹고 있네." "하늘에 별이 떠 있네?"

2. 엄마 아빠의 이야기를 들으면서 아이가 그림을 관찰하고 다양한 이
   야기를 하면 그 이야기에 맞장구쳐주면서 칭찬해줍니다.
   "맞아. 크롱이 사탕을 먹고 있네. 사탕을 반이나 먹었네."
   "맞아. 하늘에 구름도 있네. 우리 ○○이가 잘 찾았네. 어떻게 봤어?"

3. 그림책의 장면 중 3~4가지 정도만 선택해 복사하거나 사진으로
   찍은 후, 순서를 섞어둡니다. 섞어둔 그림 중에서 뭐가 제일 먼저
   와야 하는지 아이에게 물어봅니다.
   "제일 앞에 올 그림을 뭘까?" "뭐가 먼저 올까?"

4. 아이에게 그림을 순서대로 놓게 합니다.
   "이거 다음에 뭐가 올까?" "마지막에는 뭐가 올까? 맞혔네."

5. 아이가 순서를 잘 맞추지 못하면 힌트를 주면서 잘 고를 수 있도
   록 도와줍니다.
   "케이크 모양이 달라졌네. 누가 먹었나 봐."
   "돌이 여기 있네. 이 그림은 토끼가 넘어졌네."

6. 아이가 할 수 있다면, 그림의 장면을 하나씩 말하면서 이야기를

만들어보게 합니다.

"뽀로로가 케이크를 먹었어. 배가 아팠어. 병원에 가서 약 먹고 나았어."

"해가 떠서 일어났어. 밥을 먹었어. 이를 닦았어. 유치원에 갔어."

Tip

- 이야기 만들기 놀이에서는 순서대로 그림 배열하기에 집중하기보다는 그림을 한 장 한 장 관찰하는 활동에 초점을 맞추는 것이 좋습니다. 그림 속 장면을 제대로 설명하지 못한다면 전후 관계를 파악해서 순서대로 배열하기가 쉽지 않습니다.
- 처음에 아이가 어려워하면 익숙한 책을 활용해서 자신감을 가지고 순서대로 이야기하도록 유도합니다.

계단 오르내리기 놀이

간단한 게임을 할 수 있어요
"가위바위보"

언어 자극 Point

- **계단 오르내리기 놀이와 관련된 어휘** 계단 올라가, 계단 내려가, 한 칸 올라

  가, ~칸 남았네, 먼저 올라가 등

- **게임을 할 때 사용하는 말** 가위바위보, 내가 이겼다, ○○이가 졌네, 누가 이

  길까? 등

준비물 계단이 있는 곳

1. 아이에게 계단 오르내리기 놀이를 하자고 제안합니다.

   "이기는 사람이 계단 올라가기 놀이하자."

   "가위바위보에서 이기면 계단 올라가기!"

2. 가위바위보를 다소 어려워하는 아이도 있습니다. 가위바위보 규칙을 자세히 알려주고 시작해도 좋습니다.

"이렇게 내면 누가 이길까?" "엄마는 가위, 너는 바위, 누가 이겼지?"

3. 계단 오르내리기 놀이의 규칙을 엄마 아빠가 정해도 좋고, 아이와 함께 의논해서 정해도 좋습니다.

"이기는 사람이 한 칸 올라갈까?"

"먼저 올라가는 사람이 이기는 거야."

4. 가위바위보를 하면서 계단 오르내리기 놀이를 합니다. 아이가 가위바위보에 서툴다면 놀이를 천천히 진행합니다.

"가위바위보! ○○이가 이겼네." "조금만 천천히 해보자. 가위, 바위, 보!"

Tip

- 가위바위보를 할 때는 어떤 것을 내면 이기고 지는지 여러 가지 경우의 수를 보여주면서 규칙을 알려줘야 합니다. 바위가 가위보다 커서, 보(보자기)가 바위를 감싸 안아서, 가위는 보자기를 자를 수 있어서 이긴다는 식으로 설명해주면서 아이와 함께 즐겁게 놀아보세요.
- 아이가 가위바위보 규칙을 잘 이해했다면 다리로도 가위바위보를 해봅니다. 다리를 모으면 바위, 다리를 앞뒤로 벌리면 가위, 다리를 옆으로 벌리면 보입니다.

물건 위치 맞히기 놀이

위치부사어에 대한 이해가 생겨요
"책상 위에 있어요"

언어 자극 Point

- **위치부사어 어휘** 위, 아래, 옆, 안, 밖, 왼쪽, 오른쪽 등

준비물) 없음

1. 아이에게 선반 위에 있는 물건을 찾아보라고 이야기해봅니다.

   "○○아, 노란색 시계 어디 있어?"

   "강아지 인형이 어디 있더라? 찾아줘."

2. 아이가 "여기", "저기"라고 말하면서 손가락으로 가리키면 그 근처
   에 있는 물건을 하나 정하고 그 물건을 중심으로 위치를 설명해보
   게 합니다. 처음에는 일부러 틀리게 말해줍니다.

엄마: "노란색 시계는 뽀로로 인형 옆에 있어?" 아이: "아니."

엄마: "그럼 어디에 있는데?" 아이: "저금통 옆에."

3. 아이가 위치를 맞히면 다른 물건을 중심으로 위치를 맞혀보게 합니다.

"노란색 시계 위에는 뭐가 있어?" "시계 왼쪽에는 뭐가 있어?"

4. 이번에는 엄마 아빠와 퀴즈 놀이를 합니다. 이때 위치부사어를 적절히 사용해 물건이 어디에 있는지 맞혀보게 합니다.

"파란색 펭귄이랑 빨간색 오리 인형 사이에 있는 거 가져와."

"뽀로로 인형 아래 칸에 있는 건 뭘까?"

5. 잘 맞히면 이번에는 아이에게 문제를 내보게 합니다.

"이번에는 ○○이가 문제 내봐."

"어디에 있는지 한번 설명해봐. 엄마가 맞혀볼게."

> **Tip**
>
> - 위치부사어는 상대적인 개념이기 때문에 '사과', '포도'와 같은 명사와 달리 아이들이 어려워합니다. 기준이 어디냐에 따라서 물건의 위치는 위가 되기도 하고 아래가 되기도 하기 때문에 아이가 어려워하고 헷갈려할 수 있습니다. 놀이나 게임으로 꾸준히 반복해서 알려주세요.

- 이 시기 아이들은 다양한 위치부사어를 활용합니다. 아이에게 질문하거나 아이가 질문하게 하는 방법으로 위치부사어를 사용하도록 유도합니다. 특히 '왼쪽/오른쪽'을 어려워하는 경우, 밥 먹는 손, 색칠하는 손, 글씨 쓰는 손 등으로 구체화해서 알려주면 좋습니다.

몸 그리기 놀이

확장된 형태의 따라 그리기를 할 수 있어요
"이번에는 엄마를 그려보자"

언어 자극 Point

- **몸 그리기 놀이와 관련된 어휘** 따라 그려봐, 딱 맞게 그려봐, 좀 더 크게(작게) 그려봐, 무슨 색깔로 그릴까?, 엄마 아빠 먼저 그릴까?, 팔부터 연결해봐 등

- **크기나 두께와 관련된 어휘** 더 커, 더 작아, 날씬해, 뚱뚱해, 두꺼워, 얇아, 길어, 짧아 등

준비물) 전지, 크레파스나 색연필

1. 바닥에 전지를 깔고 크레파스나 색연필을 준비합니다. 아이가 관심을 보이면 어떤 놀이를 할 것인지 이야기해줍니다.
   "우리 몸 그리기를 할까?" "누구를 먼저 그릴까?"

2. 아이가 엄마 아빠를 먼저 그리겠다고 하면 엄마나 아빠 중 한 사람이 전지 위에 눕습니다. 크레파스나 색연필을 들고 엄마나 아빠의 몸 테두리를 따라 그려보게 합니다.

"무슨 색으로 그릴까? ○○이가 골라봐."

"아빠 키는 더 길쭉길쭉하게 그려줘."

3. 엄마나 아빠의 몸 테두리를 다 그리고 나면 다른 가족들의 몸 테두리도 같은 방법으로 따라 그려보게 합니다.

"여기 다리 밑에 발목이랑 발도 잘 따라서 그려보자."

"어, 여기 끊어졌어. 다시 이어줘."

4. 엄마나 아빠 또는 아이의 몸 테두리를 그린 그림을 나란히 놓고 모양과 크기 등을 함께 이야기하면서 비교해봅니다.

"가장 큰 그림은 누구 그린 거야?"

"이렇게 그림을 그리고 보니 엄마가 날씬하네."

5. 아이에게 눈, 코, 입, 귀 등을 몸 테두리 안에 그리게 합니다.

"눈, 코, 입, 귀를 그리자." "머리는 길게, 신발도 신겨보자."

- 몸 그리기 놀이를 하면서 다양한 형용사 개념을 배울 수 있습니다. '크다/작다', '길다/짧다', '뚱뚱하다/날씬하다'와 같이 반대말 개념을 연결할 수 있습니다.

- 엄마나 아빠, 또는 다른 가족들의 몸 그림을 보면서 다양한 신체적 특징들을 함께 이야기하다 보면, 더욱 풍성한 언어 자극을 줄 수 있습니다.

색종이 뒤집기 놀이

색깔 개념을 받아들여요
"빨간색 먼저 뒤집어"

언어 자극 Point

- **색깔과 관련된 어휘** 빨간색, 파란색, 노란색, 주황색, 분홍색, 보라색, 같은 색깔, 다른 색깔, ~색인 것은 무엇일까? 등

- **뒤집기 놀이와 관련된 어휘** 뒤집어, 바로 놔, 이겼어, 먼저, 시작 등

준비물) 색종이

1. 아이에게 색종이를 보여줍니다. 그러면서 아이가 아는 색깔과 모르는 색깔을 구분합니다. 색깔을 중심으로 비슷한 특징을 가진 사물을 떠올리게 해도 좋습니다.

   엄마: "이거 노란색이네. 노란색 뭐 있지? 바나나." 아이: "망고."

   엄마: "파인애플." 아이: "은행잎."

2. 색깔이 다른 색종이를 앞뒤로 붙여서 여러 장 준비해 바닥에 깔아 둡니다. 우선은 2가지 색깔만으로 이뤄진 색종이 뒤집기 놀이를 합니다. 엄마 아빠와 아이가 각각 어떤 색깔을 뒤집을지 정합니다. "엄마는 파란색을 뒤집을게." "○○이는 무슨 색을 뒤집을 거야?"

3. "시작" 하는 구호와 함께 엄마 아빠와 아이가 동시에 자신이 정한 색깔이 위로 보이도록 색종이를 뒤집습니다. 정해진 시간이 지나면 색종이 뒤집기를 멈추고 위로 보이는 색깔의 개수를 세어봅니다. "파란색은 하나, 둘, 셋, 넷!" "엄마가 이겼네."

4. 아이가 2가지 색깔만으로 이뤄진 색종이 뒤집기 놀이를 즐거워하면 그다음에는 여러 색깔의 색종이를 바닥에 깔고 뒤집기 게임을 시도해봅니다. 이때는 단면 색종이를 사용해서 색종이가 뒤집혀 있으면 무슨 색깔인지 알 수 없도록 합니다. 여러 색깔의 색종이 뒤집기를 할 때도 엄마 아빠와 아이가 각각 자신의 색깔을 하나 정한 뒤, 색종이를 뒤집다가 정해진 시간이 지나면 색종이 뒤집기를 멈추고 위로 보이는 색깔의 개수를 세어봅니다. "자, 이번에는 빨강, 파랑 외에 다른 색깔도 많은데 한번 뒤집어보자." "눈에 보이는 색깔의 개수를 세어볼까?"

- 색종이 뒤집기 놀이에는 운동 능력과 집중력이 필요합니다. 색깔에 집중하면서 놀다 보면 아이들이 색깔 개념을 좀 더 친근하고 즐겁게 받아들일 수 있습니다.

- 색깔의 이름을 아는 데서 그치지 않고 "빨간색 물건은 뭐가 있지?", "파란색 물건은 뭐가 있지?" 하면서 같은 색을 가진 사물을 찾는 놀이를 해도 좋습니다.

반대말 놀이

블록으로 반대말을 익혀요
"이 블록이 더 높아"

[언어 자극 Point]

- **블록의 모양 및 색깔과 관련된 어휘** 네모, 긴네모, 파란색, 노란색 등

- **블록 놀이를 할 때 사용하는 형용사 어휘** 길다/짧다, 높다/낮다, 크다/작다,
  굵다/가늘다, 넓다/좁다, 두껍다/얇다 등

[준비물] 모양과 색깔이 다양한 블록

1. 다양한 모양과 색깔의 블록을 준비합니다. 아이와 함께 블록을 보
   면서 모양이나 색깔 등 그 특징에 대해서 말해봅니다.
   "이건 파란색, 저건 노란색이네." "작은 네모도 있고, 큰 네모도 있네."

2. 아이와 함께 블록 놀이를 해봅니다. 길게 연결하거나 높게 쌓으며

가지고 놀아봅니다. 같은 색깔의 블록끼리 그룹을 지어도 좋고, 색깔을 교대로 연결하거나 쌓아서 패턴을 만들어도 좋습니다.

"파란색끼리 길게 연결해보자."

"빨간색, 노란색, 빨간색, 노란색, 이번에는 빨간색! 높이, 높이~"

3. 아이와 함께 길게 연결하거나 높게 쌓은 블록과 짧게 연결하거나 낮게 쌓은 블록을 놓고 이야기해봅니다. 반대말로 연결할 수 있다면 어떤 형용사를 사용해도 좋습니다.

"빨간색 블록은 길게 만들었네. 초록색은 짧아."

"파란색으로 크게 만들까? 보라색은 작게 만들어보자."

4. '더 길게', '더 높게'와 같은 단어를 써서 아이가 친근하게 형용사를 활용할 수 있도록 들려줍니다.

"더 길게 만들면 담장이 더 길어지겠네."

"더 높이 쌓으면 지붕이 더 높아지겠어."

5. 아이에게 2가지 블록을 놓고 어떤 것이 길고 짧은지(높고 낮은지, 크고 작은지) 비교급 표현과 함께 이야기해봅니다.

"어떤 게 더 길어?" "어떤 게 더 작아?"

- 형용사는 구체적인 물건을 통해 배우는 것이 가장 좋습니다. 따라서 2가지 사물을 비교해서 어떤 것이 더 크고 어떤 것이 더 작은지 알려주는 놀이를 하다 보면 아이들이 그 개념을 더 친숙하게 받아들일 수 있습니다.

- 아이들은 보통 '크다/작다' 중 '크다'의 개념을 먼저 받아들입니다. '작다'를 조금 늦게 받아들이더라도 걱정하지 말고 꾸준히 알려주세요.

우리 집 역할 놀이

가족이 하는 일을 설명해요
"아빠는 거실에서 청소해요"

언어 자극 Point

- **집과 관련된 어휘** 안방, 거실, 화장실, 부엌, 베란다, 소파, 침대, 의자 등

- **집에서 하는 활동을 표현하는 말** 욕실에서 목욕해요, 침대에서 잠자요, 식탁
  에서 밥 먹어요 등

준비물 없음

1. 아이와 함께 집 안 곳곳을 돌아다니며 집 안의 공간에 대해서 알
   려줍니다.

   "여기는 부엌, 여기는 거실이야." "여기는 침대가 있네. 안방 맞아."

2. 집 안 곳곳의 공간에서 엄마나 아빠 또는 다른 가족들이 어떤 활

동을 하고 있는지를 이야기해줍니다.

"아빠가 어디에 있어?" "엄마는 거실 소파에 앉아 있어."

3. 아이에게 상황을 말해주고 그에 맞는 이야기를 하도록 유도합니다. 아이의 반응을 살피며 적절하게 해야 할 반응이 무엇인지 알려줍니다.

"아, 배고파. 배고파서 밥 먹고 싶어."

"놀이터에서 놀았더니 몸이 더러워졌네. 씻고 싶어."

4. 아이에게 어떠한 상황인지 들려주고 적절한 공간으로 이동하거나 활동할 수 있도록 유도합니다.

"씻고 싶으면 어디로 가지?" "졸리면 어디에 누워?"

5. 아이가 지금 가족들이 어떤 공간에서 무엇을 하는지 말할 수 있도록 유도합니다.

"아빠는 지금 어디에서 뭐 하고 있어?"

"○○이는 지금 어디에 있어? 뭐 해?"

- 이 시기 아이들은 집의 구조를 이해하고 가족 구성원들의 역할을 살필 수 있습니다. 문장의 사용도 조금씩 자연스러워져서 엄마 아빠의 언어 모델링도 이전보다 좀 더 복잡한 형태를 띠게 됩니다.

- 뽀로로 집과 같은 집 놀이 장난감을 활용해도 좋습니다. 집 놀이 장난감을 통해서 집 안 공간에 대한 설명과 활동이 가능합니다.

가게 놀이

물건을 사고팔 수 있어요
"싱싱한 딸기 주세요"

언어 자극 Point

- **가게 놀이와 관련된 어휘** 식품, 음료수, 과일, 채소, 과자, 고기 등

- **물건을 사고팔 때 하는 말** ~주세요, 이거 얼마예요?, 봉투에 담아주세요, 감사합니다 등

- **물건의 상태를 표현하는 어휘** 싼, 비싼, 차가운, 뜨거운, 싱싱한, 상한 등

준비물   다양한 물건이나 가게 놀이 장난감

1. 아이에게 가게 놀이를 제안합니다. 어떤 가게로 할지, 어느 위치에 어떤 물건을 놓을지도 함께 이야기를 나눠봅니다. 가게 놀이 장난감을 활용해도 좋고 아이가 가진 장난감 중에서 골라도 좋습니다. "우리 오늘 슈퍼마켓 놀이하자."

"여기에 냉장고를 놓고 음료수를 넣을까? 여기에는 과일을 담을까?"

2. 누가 주인을 하고 누가 물건을 사는 사람을 맡을지 함께 이야기를 나눠봅니다.

"누가 주인 할까?" "누가 물건 살까?"

3. 아이가 물건을 사겠다고 하면 카트나 바구니를 주고 적절하게 물건을 담도록 유도합니다. 아이에게 장난감 카드와 장난감 돈을 미리 주고 나중에 계산할 때 사용하도록 설명해줍니다.

"어떤 물건을 담을까?"

"나는 맛있는 딸기가 먹고 싶어. 시원한 우유도 사자."

4. 아이가 물건을 골라 바구니에 다 담으면 계산대 쪽으로 와서 계산하게 합니다.

"얼마예요? 하나씩 계산해주세요."

"카드로 계산하실 거예요? 돈으로 계산하실 거예요?"

5. 계산을 마치면 봉투에 물건을 담아줍니다. 아이가 돈으로 계산했다면 거스름돈을 줍니다.

"계산 끝났습니다. 5,000원이에요. 거스름돈 여기 있습니다."

"안녕히 가세요."

6. 아이와 엄마가 역할을 바꿔서 가게 놀이를 이어가도 좋습니다.

"이번에는 바꿔서 해볼까?"

"지금부터는 엄마가 물건을 사볼게. 네가 주인 해봐."

Tip

- 슈퍼마켓 말고도 약국, 문구점, 장난감 가게 등 다양한 형태의 가게를 만들어 가게 놀이를 할 수 있습니다.
- 아이가 돈의 개념을 좀 더 가지고 있다면 돈의 종류(1만 원, 5,000원, 1,000원 등)와 액수를 정확하게 말해줘도 좋습니다. 거스름돈을 줄 때도 얼마인지 다시 한번 말해줍니다.
- 가게 놀이를 마친 뒤 가게에서 사 온 채소나 과일을 활용해 요리 놀이나 소꿉놀이로 연계해도 좋습니다.

지시대로 만들기 놀이

3가지 이상의 지시를 이해해요
"노란색으로 창문을 만들고,
 파란색은 대문에 붙여"

언어 자극 Point

- **물건의 상태를 구체적으로 표현하는 말** 빨간색 네모, 노란색 동그라미 등(수식하는 단어를 통해 문장을 좀 더 복잡하게 만들어줍니다.)

- **복잡한 지시를 할 때 사용하는 말** ○는 자르고 □는 붙여, △는 위에 ◇는 아래에 붙여 등

준비물) 색종이, 상자, 안전 가위, 풀

1. 아이에게 상자 위에 색종이 붙이기 놀이 또는 색종이로 상자 꾸미기 놀이를 해보자고 제안합니다.

   "상자 위에 색종이를 붙여보자." "상자를 예쁘게 꾸며볼까?"

2. 아이에게 지시에 맞게 색종이를 자르거나 붙이자고 말해봅니다.

"파란색 색종이를 네모로 잘라보자."

"노란색 네모 붙이고, 파란색 세모 잘라."

3. 아이가 색깔과 모양에 맞춰서 자르기와 붙이기를 잘해내면, 그다음에는 붙일 위치도 정해줍니다.

"세모 위에 노란색 네모를 붙여보자."

"파란 네모 밑에 초록 세모를 붙여봐."

4. 아이가 완성한 상자를 보고 칭찬해줍니다.

"와, 멋지게 완성했네. 잘했어."

"아빠가 말한 대로 잘 붙였네. 정말 멋진 상자가 되었구나!"

Tip

- 아이가 중간에 지시 사항을 잘 기억하지 못하면 중간부터 들려주지 말고 처음부터 다시 들려줍니다. 전체 문장을 듣는 것이 훨씬 더 중요합니다.
- 처음에는 아이가 잘 기억할 수 있도록 어떤 것을 자르고 붙여야 하는지, 어느 위치에 붙여야 하는지를 손가락으로 가리켜줍니다.

클레이 놀이

> 스스로 형태를 만들 수 있어요
> "사자를 만들어볼까?"

언어 자극 Point

- **클레이 놀이를 할 때 사용하는 말** 차가워, 말랑말랑해, 부드러워, 빨간색, 노란색(색깔), 많아, 적어(양) 등

- **클레이 만들기와 관련된 어휘** 클레이 꺼내, 눌러, 밀어, 찍어, ～만들자, ～올려볼까?, 무슨 색깔이 좋아? 등

준비물) 클레이, 찍기 틀, 클레이 전용 칼

1. 아이에게 클레이를 꺼내서 보여줍니다.

   "우리 클레이로 만들기 놀이하자."

   "여기 동그란 통에 무엇이 들어 있을까? 꺼내보자."

2. 클레이를 꺼내서 만져보고 눌러보게 해줍니다. 촉감도 느끼고, 냄새도 맡아보게 하면서 클레이의 특징을 이야기해봅니다.

"말랑말랑하네. 꾹꾹꾹~"

"동글동글 모양이 만들어졌네. 길게 길게 말아지네."

3. 이제 클레이를 가지고 놀아봅니다. 찍기 틀이나 칼 등의 도구를 가지고 클레이를 찍거나 자르면서 모양을 만들어봅니다.

"평평하게 만들어서 꾹꾹 찍어보자. 와, 토끼가 됐네!"

"무슨 모양으로 찍어볼까? 한번 골라봐."

4. 아이에게 무엇을 만들고 싶은지 물어보고, 어떻게 만들면 좋을지 이야기를 나눠봅니다. 그다음, 아이와 이야기한 대로 모양을 만들어봅니다.

"사자를 만들어볼까? 사자를 만들려면 뭐부터 해야 할까?"

"자동차를 만들어보고 싶어? 무슨 색 자동차를 만들까?"

5. 아이가 원하는 동물이나 사물을 함께 만들면서 빠진 것이 무엇인지, 어떤 것을 더 만들어야 하는지 이야기를 나눠봅니다.

"바퀴가 없네. 무슨 색으로 만들까?"

"기린이면 목이 더 길어야 할 것 같은데, 좀 더 길게 해볼까?"

6. 다른 동물이나 사물도 함께 만들어봅니다. 완성된 클레이 작품을 가지고 놀아도 좋습니다.

"사자, 기린, 원숭이가 다 모였네. 동물원이 됐다!"

"동그라미, 세모, 네모가 모두 만들어졌네."

Tip

- 클레이는 부드러운 촉감과 다양한 색깔을 가지고 있어서 만들기 놀이를 하기에도 좋고, 촉감이나 색깔에 대해 이야기를 나누며 언어 자극을 주기에도 좋습니다.
- 클레이가 굳으면 "굳었네", "딱딱해졌네", "부서지네", "안 뭉쳐지네"와 같은 표현도 들려줄 수 있습니다.

젠가 놀이

간단한 규칙을 이해해요
"하나씩 빼다가 넘어지면 지는 거야"

언어 자극 Point

- **젠가 놀이와 관련된 어휘** 네모, 긴네모, 길어, 쌓아, 높아, 위로 올려, 조심조심, 넘어져, 가로, 세로 등

- **게임을 할 때 사용하는 말** ~먼저, 이겼다, 졌다, 아쉬워, 잘했어, 하나씩 등

준비물) 젠가 블록

1. 아이에게 상자에 들어 있는 젠가 블록을 쏟아서 보여주며 관찰하게 해줍니다. 상자 겉면에 젠가 블록을 쌓아 올린 모습의 사진이나 그림이 있다면 그것을 보여주면서 어떻게 쌓아야 하는지 알려줘도 좋습니다.
"나무 블록이다. 긴네모 모양이네." "여기 그림처럼 만들어보자."

2. 아이와 함께 젠가 블록을 쌓아 올려봅니다.

   "블록을 위로 쌓아 올려보자."

   "처음에는 가로로, 다음에는 세로로, 넘어지지 않게 조심조심~"

3. 젠가 블록을 다 쌓았다면 모양과 길이 등에 대해서 이야기를 나눠봅니다.

   "위로 높이 쌓았어." "많이 높아졌네. 커다란 네모 탑이 됐어."

4. 아이에게 젠가 놀이의 규칙을 설명해줍니다. 만약 상자 겉면에 놀이 방법이 적혀 있거나 그림이 그려져 있다면 그것을 보면서 설명해줘도 좋습니다.

   "여기 그림을 보자. 블록을 하나씩 빼보자. 잘못 빼서 넘어지면 지는 거야."

   "아빠 한 번, 엄마 한 번, ○○이 한 번, 번갈아 하는 거야."

5. 아이와 교대로 젠가 블록을 하나씩 빼봅니다. 먼저 넘어뜨리는 사람이 지는 것이라고 이야기해줍니다. 젠가 블록이 넘어질 것 같다면 '아슬아슬하다'와 같은 상태나 '불안하다'와 같은 감정을 표현하는 어휘를 알려줍니다.

   "블록이 넘어질 것 같아 불안하네. 이번에는 ○○이가 이겼네."

   "엄마는 중간에 있는 걸 먼저 빼야지. 아슬아슬하다."

- 이 시기 아이들은 간단한 게임의 규칙을 이해할 수 있습니다. 순서를 정해서 게임을 하고 이기고 지는 것을 알 수 있습니다. 젠가 외에 간단한 보드게임도 해보세요.

- 아이와 젠가 놀이를 할 때 엄마 아빠가 과장된 몸짓을 하면 아이가 더욱 재미있어합니다. "넘어지면 어떡하지?" 등과 같은 말과 잔뜩 긴장된 표정으로 게임을 하며 느끼는 감정을 표현해주세요.

- 아이들의 소근육은 어른들에 비해 아직 발달되지 않은 상태라서 젠가 놀이를 할 때 더욱 집중해야 합니다. 소근육을 집중해서 사용하는 능력은 아이의 발달 과정에서 매우 중요합니다.

전단지 놀이

> 물건을 보고 설명할 수 있어요
> **"오렌지는 달콤하고, 바나나는 길어"**

언어 자극 Point

- **전단지에 나온 물건과 관련된 어휘** 사과, 바나나, 오렌지, 세제, 수건, 치약 등

- **맛이나 특징을 표현하는 말** 맛있어, 맛없어, 달콤해, 써, 길어, 짧아 등

준비물) 마트나 슈퍼마켓 전단지, 안전 가위

1. 전단지에 나온 여러 가지 물건을 보고 이름을 이야기해줍니다.

   "이건 사과야. 이건 딸기네. 맛있겠다."

   "오늘 마트에서 바나나를 싸게 판대."

2. 전단지를 보면서 아이가 사고 싶어 하는 물건이나 엄마 아빠가

   사야 하는 물건을 말해보고 그것들을 가위로 잘라봅니다.

"마트에 가면 뭘 사야 할까?" "칫솔과 치약을 사야 할 것 같아."

3. 기준을 정해주고 물건을 분류하는 놀이를 해봅니다. 또는 아이에게 먼저 기준을 제안하게 해도 됩니다.

"자, 과일은 과일끼리, 채소는 채소끼리."

"빨래할 때 필요한 물건은 여기에, 소풍 갈 때 가져갈 물건은 이쪽으로."

4. 전단지 속 물건을 보면서 어떤 것이 마음에 드는지, 어떤 특징이 있는지, 누가 제일 좋아할지 등에 대해서 이야기를 나눠봅니다.

"이건 뭐 할 때 쓰는 거야? 이걸 사면 누가 제일 좋아할까?"

"여기에서 가장 맛있어 보이는 건 뭐야?"

5. 마트에 갈 수 있다면 전단지를 보면서 사야 할 물건의 목록을 종이에 적어서 가지고 갑니다. 빠진 것이 있는지, 더 사야 할 것이 있는지 아이와 함께 이야기를 나누면서 정리하다 보면 전단지를 활용한 쇼핑 목록이 완성됩니다.

"마트에 가서 이거 사 오자." "목록에서 빠진 것은 없을까?"

- 전단지는 아이와 언어 자극 놀이를 할 때 재미있는 수단이 됩니다. 전단지를 활용해서 과일, 채소처럼 같은 범주로 물건을 분류하며 이야기를 나눠보거나 아이와 함께 필요한 물건을 골라 쇼핑 목록을 만들면서 재미있는 놀이를 할 수 있습니다.

경험 나누기 놀이

의문사에 대답할 수 있어요
"누가 바다에 빠져서 깜짝 놀랐었지?"

언어 자극 Point

● **의문사 어휘** 누가, 언제, 어디서, 무엇을, 어떻게, 왜 등

준비물   핸드폰 사진이나 인화한 사진

1. 아이와 함께 특별한 장소에서 찍은 사진을 봅니다. 아이가 사진에
   관심을 보이면 더욱 자세히 보게 합니다.
   "여기 지난여름에 갔던 바다네. ○○이랑 엄마랑 같이 사진 찍었지?"
   "여기 어제 갔던 놀이공원이네. 우리 ○○이가 웃고 있네."

2. 아이에게 사진 속 장면을 설명해줍니다. 아이가 손가락으로 가리
   키는 부분을 함께 들여다보고 그 부분에 대해서 자세히 설명해줘

도 좋습니다.

"와, 여기 배가 있었네. 이렇게 멀리 있었구나."

"사파리 옆에 솜사탕 가게가 있었네."

3. 사진에는 없지만 사진 속 장면과 관련된 경험을 아이가 떠올리도록 유도합니다.

"그런데 바다로 가기 전에 우리 어디에 갔었지?"

"놀이공원 갔다가 우리 배고파서 어디에 갔었지?"

4. 아이의 감정이나 기분까지 알 수 있도록 여러 가지 감정 어휘를 쓸 수 있는 활동으로 연계합니다.

"엄마를 잃어버릴 뻔했을 때 기분이 어땠어?"

"너무 신나서 하늘로 슝 날아가는 기분이었어."

Tip

- 아이와 경험한 것을 이야기하는 활동을 할 때는 당일 또는 경험한 지 얼마 안 된 시점부터 이야기를 나누는 것이 좋습니다. 아이들의 기억은 그리 길지 않아서 오래된 경험을 이끌어내기가 어렵습니다. 특히 처음에는 경험한 지 얼마 되지 않은 일을 중심으로 이야기를 주고받는 것이 좋습니다.
- 부모와 자신의 경험을 나눌 수 있는 아이는 경험하지 않은 일에 대해

서도 이야기를 나눌 수 있습니다. 아이와 여행이나 다양한 경험과 관

련된 이야기를 나눠보세요.

나뭇잎 얼굴 만들기 놀이

물건을 조합해서 형태를 만들어요
"이건 길어서 눈썹을 만들 수 있겠다"

언어 자극 Point

- **모양이나 색깔을 표현하는 말** 동그라미 모양, 긴 모양, 웃는 모양, 우는 모양, 빨간색, 노란색 등

- **나뭇잎 얼굴 만들기 놀이를 할 때 사용하는 말** ○에 맞는 나뭇잎 모양은?, □ 모양이라서 △ 만들 수 있겠다 등

준비물) 다양한 모양과 색깔의 나뭇잎

1. 밖에서 주워 온 나뭇잎들을 바닥에 펼쳐놓고 아이와 모양과 색깔 등에 관해 이야기를 나눠봅니다.

   "단풍잎은 손바닥 모양 닮았네." "노란색 긴 모양 낙엽도 있어."

2. 다양한 모양의 나뭇잎이 각각 어디에 어울릴지 이야기를 나눠봅니다.

"이 나뭇잎으로는 무엇을 만들 수 있을까?"

"끝이 살짝 올라간 걸 보니 웃는 입이 될 수 있겠다."

3. 나뭇잎으로 무엇을 만들지 이야기를 나눠봅니다. 이때 아이가 정하도록 하는 것이 좋습니다.

"무엇을 만들면 좋을까?" "동물이라면 무엇을 만들 수 있을까?"

4. 여러 가지 나뭇잎을 가지고 얼굴 모양을 만들어봅니다. 아이와 의논하면서 적절한 모양이 되도록 유도합니다.

"사자 모양으로 만들려면 동그랗게 둘러야겠네."

"우는 얼굴을 만들려면 어떤 나뭇잎이 좋을까?"

5. 아이와 함께 나뭇잎 얼굴 만들기를 한 다음, 다시 엄마 아빠와 아이가 각자 만들어봅니다.

"동물 중에서 뭘 만들어볼까? 엄마는 코끼리, ○○이는 토끼?"

"각자 얼굴 만들어보자. 아빠는 엄마, 엄마는 ○○이, ○○이는 아빠."

6. 다 만들어진 나뭇잎 얼굴을 보고 서로 감상을 나눠봅니다. 다른 나뭇잎으로 바꿨을 때 모양이 달라지는 것도 확인합니다.

"이렇게 바꾸면 더 기린 같아. 목이 훨씬 길어졌어."

"이러니까 웃는 입에서 우는 입이 되었네."

Tip

- 나뭇잎 말고도 시금치, 상추, 배추 등 일상에서 얻을 수 있는 이파리
들로 다양한 모양 만들기 놀이를 시도할 수 있습니다.

규칙을 이해하고
계획할 수 있어요

49~60개월 발달 포인트

맛 알기 놀이 · 반대말 찾기 놀이 · 단어 수수께끼 놀이

분류 놀이 · 간판 읽기 놀이 · 숫자 연결하기 놀이

숫자 읽기 놀이 · 물건 이름 맞히기 놀이 · 인터뷰 놀이

끝말잇기 놀이 · 입술 움직이기 놀이 · 상자로 만들기 놀이

상상 놀이 · 글자 찾기 놀이 · 직업 놀이

우리 아이, 이만큼 컸어요

이 시기 아이들은 혼자 옷을 입고 양치질과 세수를 할 수 있습니다. 스스로 혼자 할 수 있는 활동들이 점점 늘어납니다. 사건과 관련한 발달로는 인과 관계를 생각할 수 있기에, 원인과 결과를 설명할 수 있습니다. 일과를 시간의 흐름에 따라 배열할 수도 있습니다. 여러 가지 상황에 대한 이해가 가능해서 활동 내용을 이해하고 적극적으로 참여합니다. 이 시기에는 사회성과 언어능력, 그리고 인지 능력이 밀접한 연관을 주고받습니다. 아이들은 계획을 세워서 활동에 참여할 수 있기 때문에 "이렇게 하자"라고 언어로 규칙을 정하거나 제안을 하기도 하며 즉석에서 게임을 하기도 합니다. 집 안에서 신발 정리나 책 정리와 같은 집안일과 관련된 역할을 지시받으면 그 작업을 수행해낼 수 있습니다. 따라서 아이의 수준에 맞는 적당한 집안일을 시켜서 역할을 주는 것도 좋습니다.

발달 포인트 ① 신체 활동에 어려움이 없다

이 시기 아이들은 신체 기능이 발달해 다양한 신체 놀이가 가능해집니다. 한 발로 껑충 뛴다거나 머리 위로 공 던지기, 공 잡기, 뒤로 걷기가 가능하고 달리기를 할 때 전력 질주를 할 수도 있습니다. 한 발씩 교대로 계단 오르내리기나 난간을 잡지 않고 계단 오르내리기도 가능합니다. 신체 활동에 큰 어려움이 없어지는 시기입니다.

발달 포인트 ② 창조적인 역할 놀이가 가능하다

이 시기 아이들은 역할 놀이를 하면서 다양한 의사소통 상황을 창조적으로 만들어냅니다. 3개 이상의 인형을 가지고 각각 역할을 부여해 그에 맞는 다양한 놀이를 시도할 수 있습니다. 이 시기 아이들은 물건 사기 놀이를 할 때 찾는 물건이 마트에 없다거나 거스름돈이 부족하다고 말하는 등 더욱 다양한 상황을 만들어낼 수 있습니다. 놀이 상황에서 좀 더 복잡하고 재미있는 이야기를 끄집어내고 등장인물도 많아집니다. 인형이나 몇 가지 장난감만 있어도 아이들끼리 또는 혼자서 역할을 부여해가며 재미있게 놀 수 있습니다.

발달 포인트 ③ 도전 욕구가 강해진다

정서적으로는 자기중심적 경향에서 사회적 경향으로 발전하며 옳고 그른 것을 구분할 수 있습니다. 하고 싶은 일에 대한 도전 욕구도 다양해져서 다소 힘들거나 불가능해 보이는 일도 적극적으로 참여하는 경우가 많아집니다. 독립심이 강해지며 친구들과 협력해 노는 일이 빈번해집니다. 상상 놀이가 가능해서 현실에 없는 친구를 상상하며 어울려 놀 수도 있습니다. 그리고 자신의 기분, 감정, 느낌 등을 말로 표현합니다.

발달 포인트 ④ **기억과 순서에 대한 수행이 가능하다**

행동의 순서를 이해하고 지시에 따를 수 있습니다. 따라서 기억 및 순서화와 관련된 활동이 가능해집니다. "빨간 종이는 접시에, 파란 종이는 냄비에 두세요"라고 지시했을 때 종이를 접시와 냄비에 두는 것은 물론이고, 빨간 종이를 접시에 놓는 일부터 순서대로 수행할 수 있습니다. 이야기의 줄거리를 이해할 수 있고, 얼마 지나지 않은 시기의 경험이나 사건을 이야기로 서술할 수 있습니다.

발달 포인트 ⑤ **한글을 조금씩 읽기 시작한다**

아직 완벽하지는 않지만 글자를 읽는 아이들이 생기기 시작합니다. 이 시기 아이들은 글을 읽을 때 글자가 쓰인 대로 어색하게 읽거나 띄어 읽기를 못하는 경우가 허다합니다. 아직은 자연스러운 읽기 규칙을 깨닫기 전이므로 충분히 기다려주도록 합니다. 수 세기도 가능하지만 아직은 개념적으로 수를 받아들이기는 어려운 시기입니다.

맛 알기 놀이

맛과 관련된 어휘를 배워요
"하얀색 가루가 달콤하면 뭘까?"

언어 자극 Point

● **맛과 관련된 어휘** 달다, 짜다, 쓰다, 시다, 떫다 등

준비물) 소금, 설탕, 식초, 간장 등 양념, 종이컵이나 그릇, 티스푼

1. 아이에게 종이컵이나 그릇에 소금과 설탕을 담아서 보여줍니다.

    "하얀색 가루가 2가지나 있네. 뭐지?"

    "한번 먹어볼까? 무슨 맛이 날까?"

2. 아이가 소금이나 설탕을 손끝으로 살짝 찍어서 먹어볼 수 있게 해
    줍니다. 또는 티스푼으로 떠서 혀끝으로 조금 맛보게 해도 좋습니
    다. 가루를 직접 손으로 만져보거나 냄새를 맡는 등 오감으로 느

끼게 해줘도 좋습니다.

"먹어보니 어때? 짠맛이 나지?"

"달콤한 맛이 나는 하얀색 가루네. 그런데 약간 거칠거칠해. 뭘까?"

3. 아이에게 식초나 간장처럼 다른 맛을 알 수 있는 재료도 맛보게 해줍니다.

"식초는 신맛이 나." "간장도 소금처럼 짜."

4. 각 양념들의 맛을 확인하고 나서 똑같은 맛이 나는 것에는 무엇이 있는지 함께 이야기를 나눠봅니다.

"단맛이 나는 것은 뭐가 있을까? 사탕, 수박, 솜사탕."

"이렇게 짠맛이 나는 건 어떤 게 있을까?"

5. 다른 맛에 대해서도 이야기를 나눠봅니다.

"약은 어떤 맛이 날까?"

"새콤한 맛은 어떤 것을 먹었을 때 나는 맛일까?"

Tip

• 이 시기 아이들은 추상적인 개념을 받아들이고 이해할 수 있습니다. 맛과 같은 감각도 알 수 있고 비슷한 특징을 가진 것끼리 연계할 수도

있습니다.

- 다양한 질문을 통해서 아이가 알고 있는 어휘와 경험을 연결시킬 수 있는 기회를 많이 줍니다. "이런 맛은 ～맛"이라고 말해보는 활동과 자신이 먹어봤던 것 중에서 그와 비슷한 맛을 연결해보는 활동을 함께 진행해보세요.

반대말 찾기 놀이

구체물이 아니어도 개념을 알 수 있어요
"'깨끗하다'의 반대말은 뭐지?"

언어 자극 Point

- **반대말 찾기와 관련된 어휘** ○랑 반대되는 말이 뭘까?, □와 △는 반대말이야 등

- **반대말 관계인 어휘** 깨끗하다/더럽다, 부지런하다/게으르다, 강하다/약하다, 뜨겁다/차갑다 등

준비물   단어 카드

1. 아이에게 반대말 찾기 놀이를 제안합니다. 단어 카드가 있다면 활용해도 좋고, 단어 카드 없이 말로만 진행해도 괜찮습니다.

   "반대말 문제를 내볼게. 맞혀볼래?"

   "○랑 □가 반대말인데, 그게 뭔지 맞혀볼까?"

2. 반대말의 쉬운 예를 알려줍니다.

"'높다'의 반대말은 '낮다'." "뱀은 길다. 지렁이는 짧다."

3. 추상적인 개념의 반대말에 대해서도 이야기를 나눠봅니다. 아이가
   어려워하면 단어 카드를 여러 장 깔아놓고 찾아보게 합니다.

"그럼 '깨끗하다'의 반대말은 뭘까?" "'부지런하다'의 반대말은 뭘까?"

4. 계속 반대말 찾기를 어려워하면 예를 들어줍니다. 아이가 읽었던
   동화의 주인공이나 겪었던 경험을 빗대어서 말해줍니다.

"콩쥐는 부지런했잖아. 팥쥐는 어땠어?"

"여름은 날씨가 덥잖아. 그러면 겨울은?"

5. 아이와 함께 반대말을 찾아서 문장을 완성해봅니다.

"'뜨겁다'를 넣어서 문장을 만들어볼까? 엄마가 먼저 해볼게. 가스레인지
위에 프라이팬이 뜨겁다."

"그럼 반대로 '차갑다'를 넣어서 우리 ○○이가 문장을 만들어봐."

> **Tip**
>
> - 이 시기 아이들은 추상적인 개념의 반대말을 조금씩 배워갑니다. 엄
>   마 아빠의 모델링을 통해서 다양한 방법으로 반대되는 개념을 알아갈
>   수 있도록 가르쳐줍니다.

- 반대말 개념을 배우는 것은 어휘를 확장하는 여러 가지 방법 중 하나 입니다. 여기에서 더 나아가 비슷한 말 또는 이 말을 대신해서 쓸 수 있는 말에 대해서도 함께 이야기를 나눠봅니다.

단어 수수께끼 놀이

어휘를 자세히 설명할 수 있어요
"밤이 되면 하늘에 뜨는 것이 뭘까?"

언어 자극 Point

● 단어 수수께끼 놀이를 할 때 사용하는 말 ○는 뭘까?, □를 맞혀봐, △한 것
은 뭐게?, 이번에는 네가 설명해봐 등

준비물) 단어 카드

1. 아이에게 6~8장의 단어 카드를 펼쳐서 보여주고, 엄마 아빠가 말
하는 것을 먼저 맞혀보게 합니다.
"자, 여기 있는 물건 중에서 엄마가 말하는 게 뭔지 맞혀볼까?"
"아빠가 무엇을 생각하는지 설명해볼게. 카드 중에 있는 물건인데, 어떤
건지 맞혀봐."

2. 처음에는 물건의 일반적인 특성을 중심으로 말해주고, 그다음에는 색깔이나 모양 등의 특성을, 그다음에는 의성어나 아이의 경험 등을 연결하는 순서로 힌트를 줍니다.

"아주 추울 때 볼 수 있는 차가운 거야. 흰색이고 동그란 모양이 2개야. 지난주에 눈이 와서 우리가 같이 만들었던 거야."

"봄이 되면 나와서 돌아다니는 동물이야. 초록색이고 폴짝폴짝 뛰어다녀. 개굴개굴 소리를 낸다. 이게 뭘까?"

3. 아이가 대답을 잘한다면, 단어 카드를 사용하지 않고 엄마 아빠의 설명만을 듣고 대답해보게 합니다. 앞에서 언급한 순서로 이야기 해줍니다.

"여기에는 없는 건데 한번 찾아봐. 아빠가 이야기해볼게."

"카드에는 없는데 다시 한번 설명해볼게. 잘 생각해봐."

4. 아이가 원한다면 직접 문제를 낼 기회를 줍니다. 처음에는 아이 앞에 카드를 두고 그것을 보며 설명하게 합니다.

"○○이가 말해볼래? 엄마가 맞혀볼게."

"이번에는 ○○이가 해보자. 아빠가 한번 생각해볼게."

- 처음에는 보기가 있는 상황에서 엄마 아빠가 설명해주고, 그다음에는 보기 없이 엄마 아빠가 설명해주면서 아이가 답을 맞히도록 유도합니다. 그 후 아이가 원하면 직접 문제를 낼 수 있도록 기회를 줍니다.

- 단어 수수께끼 놀이는 하나의 단어를 설명하기 위해서 더 많은 단어를 써야 하는 활동입니다. 이러한 측면에서 어휘 확장에 좋은 방법입니다.

분류 놀이

범주와 특징에 따라 분류해요
"과일은 과일끼리, 채소는 채소끼리"

언어 자극 Point

- **범주와 관련된 어휘** 과일, 채소, 학용품, 동물, 식물, 색깔, 숫자 등

준비물 단어 카드

1. 아이에게 단어 카드의 그림을 보여주고 사물의 이름을 함께 이야
   기해봅니다.
   "이건 딸기네. 이건 연필이네." "여기 식탁이 있네. 여기 세제가 있네."

2. 아이에게 분류 놀이를 제안합니다. 동시에 범주어의 이름을 자연
   스럽게 제시해줍니다.
   "자, 우리 이거 분류해보자. 과일은 어디에 있을까?"

"채소는 어디에 놓을까? 토마토는 과일일까, 채소일까?"

3. 과일이나 채소 이름이 적힌 단어 카드를 모아서 한자리에 놓고, 정해진 기준에 따라 분류해봅니다.

"과일은 과일끼리, 채소는 채소끼리."

"당근, 옥수수, 호박, 고추 이런 걸 다 모아서 뭐라고 할까? 채소!"

4. 아이와 함께 이런저런 사물의 이름을 이야기해보면서 '그것들을 묶어서 지칭하는' 범주어를 말해줍니다.

"빨강, 노랑, 파랑, 초록을 모아서 뭐라고 할까? 색깔이라고 해."

"호랑이, 사자, 코끼리, 기린은… 동물!"

5. 아이에게 범주어를 이야기해주고 거기에 속하는 사물의 이름을 하나씩 말해보게 합니다. 시간을 정해놓고 하면 더욱 좋습니다.

"동물에는 뭐가 있는지 한번 생각나는 대로 말해볼까?"

"가구에는 뭐가 있을까? 시계의 긴바늘이 한 바퀴 돌 때까지 말해볼까?"

6. 아이가 다 말하고 나면 엄마 아빠가 보충해주는 것이 좋습니다.

"학용품에는 ○○이가 말한 것 외에도 볼펜, 자 같은 것들이 더 있어."

"식물에는 꽃도 있고 나무도 있어. 소나무와 대나무도 전부 식물이야."

- 이 시기 아이들은 범주어의 개념 이해와 범주어에 따른 분류가 가능합니다. 사물을 하나하나 모아서 한꺼번에 무엇이라고 하는지, 또 범주어를 이야기하면서 거기에는 무엇이 있는지 이야기를 나눠봅니다.

간판 읽기 놀이

간단한 읽기를 할 수 있어요
"간판을 천천히 읽어보자"

언어 자극 Point

- **간판 읽기와 관련된 말** 읽어보자, 간판 읽어봐, 엄마가 먼저 읽을게, 천천히 읽어봐 등

준비물 없음

1. 차 안에서 또는 산책 길에서 아이에게 간판 읽기 놀이를 하자고 제안합니다.

   "○○아, 우리 간판 읽기 놀이해볼까?"

   "엄마는 이쪽에 있는 거 읽을게. 너는 저쪽 거 읽어봐."

2. 누가 먼저 시작할지 물어봅니다. 순서는 가위바위보로 정해도 좋

고 아니면 임의로 정해도 좋습니다. 간판 읽기 놀이를 할 때는 엄마 아빠도 아이의 속도에 맞춰서 천천히 읽는 것이 좋습니다.

"○ 이삿짐 센터." "□ 슈퍼마켓."

3. 아이와 간판 읽기를 번갈아 하고, 아이가 잘 읽으면 칭찬해주고 격려해줍니다.

"와, 이렇게 잘 읽네." "벌써 읽었어? 엄마보다 빠른데?"

4. 아이가 중간에 막히거나 잘 읽지 못하면 간판을 살펴보면서 읽을 동안 충분히 기다려줍니다. 이때 힌트를 살짝 줘도 좋습니다.

"마~트 맞아. 트럼펫 할 때 '트'였네." "기다려줄게. 천천히 읽어봐."

Tip

- 한글을 조금씩 읽을 수 있는 아이라면 간판 읽기 놀이가 가능합니다. '사과', '딸기' 같은 익숙한 단어는 잘 읽지만 새로운 단어는 잘 읽지 못하는 아이와 함께 게임처럼 간판 읽기 놀이를 할 수 있습니다.
- 운전 중인 차에서 간판 읽기 놀이가 이뤄질 경우, 차가 빠른 속도로 움직이면 아이가 간판에 적힌 글자를 잘 읽지 못할 수도 있습니다. 따라서 적당히 길이 막히는 상황이나 신호등이 있는 시내 도로에서 하는 것이 적절합니다.

숫자 연결하기 놀이

숫자가 커지는 순서를 알아요
"1 다음 숫자는 어디 있어?"

언어 자극 Point

- **숫자 연결하기 놀이와 관련된 어휘** 다음 숫자는 뭘까?, 1 다음에 2, 2 다음에 3, 숫자를 순서대로 놓아볼까?, 거꾸로 숫자를 말해볼까? 등

- **숫자를 표현하는 말** 일, 이, 삼, 사…, 하나, 둘, 셋, 넷… 등

준비물) 숫자 카드나 숫자 자석

1. 숫자 카드나 숫자 자석을 하나씩 꺼내면서 수의 이름을 순서대로 말해줍니다.

   "하나, 둘, 셋, 넷…" "1, 2, 3, 4…"

2. 숫자 카드나 숫자 자석을 바닥에 순서 없이 흩어놓습니다. 그다음,

순서대로 숫자를 놓아봅니다.

"1 다음에 2, 2 다음에 3, 3 어디 있지?"

"숫자를 순서대로 붙여보자. 하나, 둘, 셋."

3. 숫자 카드나 숫자 자석을 일부러 순서를 뒤집어서 보여줍니다. 아이와 숫자를 하나하나 짚으면서 순서대로 되어 있는지 말해봅니다.

"1, 2, 4, 3… 어, 이상하네? 순서대로가 아닌데?"

"하나, 둘, 넷, 셋… 어, 셋과 넷이 바뀌어 있네. 고쳐보자."

4. 중간에 빠진 숫자가 무엇인지도 이야기해봅니다.

"1, 2, 4, 5… 어, 중간에 뭐가 빠졌다. 3이 빠졌네."

"1, 2, 4… 여기 붙어 있는 숫자에는 3이 없네?"

5. 칠판에 다양한 모양의 숫자 자석을 붙이며 숫자를 세어보고 물건의 개수와도 연결해봅니다.

"사과가 하나, 둘, 셋, 넷! 숫자는 4."

"자동차가 1, 2, 3… 숫자는 여기 있는 3이다."

Tip

- 이 시기 아이들에게는 간단한 수 개념이 생기기 시작합니다. 의미는 잘 모르지만 하나를 말하면 둘, 셋 등을, 1을 말하면 2, 3 등을 자동으로 연결해 이야기할 수 있습니다.

- 아직 수 개념이 완전히 완성되지 않은 아이도 있습니다. 조급해하지 말고 숫자나 한글을 자연스럽게 들려주고 보여주면서 해당 개념에 서서히 노출시키도록 합니다.

숫자 읽기 놀이

숫자를 읽을 수 있어요
"버스 번호 읽어봐"

● **숫자 읽기와 관련된 말** 숫자 읽어볼까?, 뭐라고 쓰였어?, 버스 번호 읽어보자, 이거 지하철 몇 호선이야?, 엘리베이터 숫자 읽어보자, 우리 7층 갈 건데 뭐 눌러야 해? 등

준비물 없음

1. 아이에게 집에 있는 물건 중에서 숫자가 있는 것이 무엇인지 찾아 보게 합니다.

   "우리 집에 숫자가 있는 물건은 뭐가 있을까? 찾아보자."

   "맞아. 시계도 있고 달력도 있어."

2. 아이에게 시계에 있는 숫자를 읽어보게 합니다.

"지금 긴바늘이 가리키고 있는 숫자는 뭐야?"

"시계에서 제일 위에 있는 숫자는 뭐야?"

3. 아이와 달력에 있는 숫자를 보면서 이야기를 나눠봅니다. 달력에는 숫자가 많기 때문에 색깔 또는 위치를 정확하게 알려줍니다.

"빨간색으로 쓰인 이 숫자는 뭘까?"

"엄마가 짚은 이 숫자가 혹시 뭔지 알아?"

4. 전화번호도 아이가 숫자를 배울 수 있는 중요한 수단입니다. 엄마 아빠의 핸드폰 번호를 따라 말해보게 하거나 숫자로 적어서 읽어보게 합니다.

"엄마 핸드폰 번호는 010-○○○○-□□□□야."

"저기 할머니 전화번호가 있네. 엄마한테 전화번호 좀 불러줘."

Tip

- 이 시기 아이들은 숫자 읽기 놀이를 통해서 다양한 숫자를 배울 수 있습니다. 숫자를 학습적인 방법으로 가르치기보다는 일상생활 속에서 놀이와 활동을 통해 알려주세요. 생각보다 많은 곳에 숫자가 적혀 있습니다. 가령 버스 정류장에서 버스 번호를 읽거나 엘리베이터에서 버튼에 적힌 숫자를 읽을 수 있습니다.

- 아직은 숫자의 자릿수를 알고 읽어내는 것을 어려워할 수 있습니다. 따라서 25를 "이십오"가 아니라 "이오"로 읽을 수도 있습니다. 정확하게 읽지 못하더라도 아이가 숫자 하나하나를 읽은 것을 칭찬해줍니다. 이후에 자릿수에 맞춰 자연스럽게 읽을 수 있도록 엄마 아빠가 모델링을 해주면 됩니다.

물건 이름 맞히기 놀이

촉각만으로 물건의 특징을 말해요
"길고 미끈미끈한 느낌이 나네.
 뱀인 것 같아"

언어 자극 Point

- **물건 이름 맞히기 놀이와 관련된 어휘** 뭐가 들어 있을까?, 손으로 만져봐, 뭐가 있는지 궁금해, 어떤 느낌이 나? 등

- **촉감을 표현하는 말** 딱딱해, 부드러워, 거칠거칠해, 단단해, 물컹거려, 푹신해, 포근해, 울퉁불퉁해, 축축해, 차가워, 따뜻해 등

- **만질 때 느껴지는 감정과 관련된 어휘** 무서워, 신기해, 괜찮아, 안심돼, 두근두근, 떨려, 이상해 등

준비물 주머니나 상자, 여러 가지 물건

1. 속이 보이지 않는 주머니나 상자에 준비한 물건을 넣습니다. 하나만 넣어도 되고, 여러 가지를 동시에 넣어도 좋습니다. 아이에게

주머니나 상자를 보여주고 그 안에 들어 있는 것이 무엇인지 맞히는 놀이를 제안합니다.

"안에 뭐가 들어 있을까?" "어떤 물건이 들어 있는지 맞혀볼까?"

2. 아이한테 주머니나 상자의 구멍 속에 손을 넣어보라고 합니다. 그다음, 눈으로 보지 않고 손으로 만져서 어떤 느낌인지 말해보게 합니다.

"손을 여기에 넣어 만져보고 어떤 물건인지 한번 맞혀봐."

"어떤 느낌인지 엄마한테 말해줘."

3. 아이가 주머니나 상자 속 물건을 만진 후 촉감을 말하면 엄마 아빠는 아이의 말을 다시 한번 반복해서 말해주거나 좀 더 구체적인 표현으로 이끌어냅니다.

"만져보니까 푹신푹신하고 부드러운 털이 있는 것 같아?"

"딱딱한 느낌이 들었어? 네모 모양 같았구나. 그러면 무엇일 것 같아?"

4. 아이가 촉감만으로 주머니나 상자 안에 들어 있는 물건이 무엇인지 말하면, 물건을 밖으로 꺼내서 아이가 말한 물건이 맞는지 확인합니다. 아이가 촉감만으로는 무엇인지 맞히기 어려워하면 구체적인 힌트를 조금 더 줍니다. 엄마 아빠의 설명을 들은 후 다시 한번 물건을 만져보게 합니다.

"아, 강아지 인형 같아? 한번 꺼내서 맞는지 살펴볼까?"

"이건 동물이야. 코가 길고 몸이 커. 무엇일까? 다시 한번 만져볼까?"

Tip

- 이 시기 아이들은 특정 감각을 활용해서 물건의 특징을 알 수 있습니다. 촉각에 인지 기능을 집중시키는 활동은 아이의 감각 능력을 발달시키는 데 도움을 줍니다.
- 처음에는 아이가 잘 알고 친숙한 물건을 넣어야 어려워하지 않고 잘 맞힐 수 있습니다. 점차 놀이에 익숙해지면 생소한 물건을 넣습니다. 물건의 이름을 맞히지 못하더라도 촉각으로 느낀 특징이나 만졌을 때의 감정 등을 표현하는 것만으로도 언어 발달에 큰 도움이 됩니다.

인터뷰 놀이

질문과 대답을 할 수 있어요
"어제 유치원에서 뭐 하고 놀았나요?"

언어 자극 Point

- **인터뷰할 때 사용하는 말** 시작하겠습니다, 말해주세요, 질문에 답해주세요, 이 야기해주세요 등

- **의문사 어휘** 누가, 언제, 어디서, 무엇을, 어떻게, 왜 등

준비물 장난감 마이크

1. 아이에게 먼저 장난감 마이크를 보여줍니다. 그다음, 인터뷰 놀이 를 하자고 제안합니다.

"아아, 이거 마이크야. 우리 ○○이한테 한번 물어볼까?"

"○○아, 마이크 들고 엄마 인터뷰 한번 해줄래?"

2. 방송에 나오는 인터뷰처럼 아이에게 마이크를 대고 질문을 던져
   봅니다.

   "자, 인터뷰를 시작하겠습니다. ○○이, 지금 어디를 다녀왔나요?"

   "오늘 유치원에서 무슨 재미있는 일이 있었는지 이야기해주세요."

3. 아이가 질문에 대답하고 나면 또 다른 질문을 던져봅니다.

   "다음에 눈이 오면 또 무엇을 하고 싶나요?"

   "왜 그런 생각을 했나요?"

4. 계속 잘 대답하면 순서를 바꿔서 아이에게 질문을 해보도록 기회
   를 줍니다.

   "이번에는 ○○이가 엄마한테 질문해주세요."

   "○○이가 아빠한테 물어봐주세요."

Tip

• 이 시기가 되면 의문사에 대한 이해와 표현이 자연스럽게 이뤄집니다.
  인터뷰 놀이는 의문사를 사용하는 상황을 제시해줍니다.

• 아이가 인터뷰하는 상황을 어려워하거나 낯설어한다면, 인터뷰 영상
  을 찾아서 보여주고 어떻게 하면 되는지 방법을 알려줍니다. 또는 엄
  마가 아빠에게, 부모가 다른 형제자매에게 먼저 인터뷰하는 모습을
  보여줘도 좋습니다.

- 마이크는 질문하고 대답하는 순서를 알려주는 도구입니다. 말할 순서가 되었을 때 마이크를 입에 가져가 대는 모습을 보여줌으로써 아이에게 말하는 순서와 같은 다양한 대화 방법을 알려줄 수 있습니다.

끝말잇기 놀이

음운적 특징을 알고 이어갈 수 있어요

"사과 다음에, 과일…"

> 지우개

> 개미?!

언어 자극 Point

- **끝말잇기와 관련된 말** 끝말을 시작하는 말로 해보자, 다음에는 뭐가 나올까?, '과'로 시작하는 말에는 뭐가 있을까?, 리 리 리 자로 시작하는 말은?, 잘 생각해보자 등

준비물 없음

1. 아이에게 끝말잇기 놀이를 하자고 제안합니다. 아이가 끝말잇기 놀이를 잘 모르거나 놀이 방법을 이해하지 못하면 어떻게 하는지 먼저 설명해줍니다.

   "○○아, 우리 끝말잇기 놀이해볼까?"

   "끝말잇기 해보자. '사과' 하면 '과'로 시작하는 말을 생각해서 말하는 거

야. '딸기' 하면 '기'로 시작하는 말을 찾아보고. 자, 그럼 ○○이가 생각해봐. '버스'. 그러면 '스'로 시작하는 말은?"

2. 누가 먼저 시작할지 정하고, 단어를 이야기해봅니다. 처음에는 의도적으로 아이가 알 만한 쉬운 단어를 사용하는 것이 좋습니다.
"누가 먼저 시작해볼까? 엄마가 먼저 할까?"
"○○이가 먼저 해볼까? 자, 시작!"

3. 엄마 아빠가 말한 단어의 뜻을 몰라서 아이가 "그게 뭐야?" 하고 묻거나 잘 모르겠다는 표정을 지으면, 단어의 뜻을 설명해주고 그 단어를 메모해두거나 기억해둡니다.
"아, '식물'이라는 단어가 어렵구나."
"'시골'은 할머니 댁처럼 산도 많고 풀도 많은 곳이야."

4. 아이가 단어를 이야기하면 엄마 아빠는 어렵다는 표정을 지으며 오랫동안 생각하는 듯한 느낌으로 말을 이어가줍니다. 엄마 아빠가 깊이 고민하는 표정을 지을 때 아이는 놀이에 더 몰입합니다.
"나무. '무'로 시작하는 말은 뭐가 있을까? 음… 무…"
"아, 어렵다! 바로 시작하는 말이 ○○이는 생각났어? 대단한데?"

- 끝말잇기 놀이는 아이의 음운적인 지식을 알 수 있는 유용한 방법입니다. 아이는 자신이 알고 있는 단어를 생각하고 떠올리면서 즐겁게 놀이에 참여합니다.

- 끝말잇기 놀이는 이 시기 아이들의 어휘 발달에 좋은 놀이입니다. 어떤 단어를 알거나 모르겠다고 표현하는 경우에는 그 단어를 설명해줍니다. 그리고 나서 그 단어를 잘 기억했다가 다음 놀이에서 활용해볼 수 있습니다. 아이가 단어를 잘 모르겠다고 표현하는 순간을 절대 놓치지 마세요.

입술 움직이기 놀이

발음이 정확하게 들려요
"혀로 요구르트를 먹어볼까?"

언어 자극 Point

- **입술 모양이나 혀의 위치와 관련된 어휘** 입술을 크게, 작게, 옆으로, 동그랗게, 혀를 위로, 아래로, 빠르게, 천천히 등

- **입술 움직이기 놀이를 할 때 사용하는 말** 혀로 먹어볼까?, 튕겨볼까?, 입술로 물어보자 등

준비물) 떠먹는 요구르트나 딸기잼, 거울

1. 아이가 좋아하는 간식인 떠먹는 요구르트나 딸기잼 등을 준비합니다. 이때 이 간식을 그냥 먹는 것이 아니라 혀로 어떻게 먹어야 하는지 보여줍니다. 엄마 아빠는 자신의 입술 둘레에 그림을 그리듯이 떠먹는 요구르트나 딸기잼을 바릅니다. 그다음, 혀끝으로 그

것을 먹는 모습을 아이에게 보여줍니다.

"○○아, 우리 이거 먹어보자. 그런데 그냥 먹지 않고 혀로 먹을 거야."

"엄마가 먼저 입술에 요구르트를 발라서 어떻게 먹는지 보여줄게."

2. 이번에는 아이의 입술 둘레에 앞에서와 같은 방법으로 떠먹는 요구르트나 딸기잼을 발라줍니다. 그다음, 아이에게 엄마 아빠가 했던 방법으로 먹을 수 있도록 알려줍니다. 이때 아이가 혀의 위치를 잡기 어려워하면 거울을 보여주고 구체적인 위치를 잡을 수 있게 도와줘도 좋습니다.

"자, 혀로 먹어보자. 혀를 좀 더 위로, 좀 더 옆으로… 그렇지!"

"혀로 입술을 죽 핥아보자."

Tip

- 발음이 부정확하거나 발음을 어려워하는 아이 중 상당수는 혀의 움직임이나 입술 근육에 문제가 있는 경우가 많습니다. 입술 움직이기 놀이는 혀나 입술 근육의 긴장을 풀고 움직임을 자연스럽게 할 수 있게 도와주는 놀이입니다. 놀이 후에는 노래 부르기 활동을 함께해주면 더욱 좋습니다.
- 혀의 움직임이 둔하거나 움직이기를 어려워하는 아이라면 떠먹는 요구르트나 딸기잼 등을 입술 약간 안쪽에 묻혀줍니다. 그러고 나서 혀를 살짝 당기는 느낌으로 움직일 수 있도록 위치를 잘 잡아줍니다.

- 아이에게 설압자(혀를 아래로 누르는 데 쓰는 의료 기구)나 아이스크림 막대를 입술로 물게 해서 입술 근육을 강화시키는 설압자 놀이도 할 수 있습니다. 설압자 놀이를 할 때는 아이가 설압자를 이로 물고 있지는 않은지 확인하고 중간중간에 설압자를 옆으로 빼봅니다. 만약 이로 물고 있다면 입 옆으로 설압자를 당겼을 때 설압자가 빠져나오지 않습니다.

상자로 만들기 놀이

일상 속 사물을 활용해요
"이 상자로 집을 만들 수 있겠다"

언어 자극 Point

- **상자로 만들기 놀이를 할 때 사용하는 말** 상자로 무엇을 만들 수 있을까?, 무엇을 만들어볼까?, 자동차 만들려면 어떤 상자로 만들면 될까?, 상자로는 무슨 놀이를 할 수 있을까? 등

- **상자와 관련된 어휘** 큰 상자, 작은 상자, 긴 상자, 짧은 상자, 상자를 잘라, 구멍을 뚫어 등

준비물 다양한 크기의 상자, 안전 가위, 풀

1. 아이에게 다양한 크기의 상자를 모두 꺼내서 보여줍니다. 상자의 모양과 색깔 등에 대해서도 이야기해봅니다.

    "이 상자는 이것보다 크네." "이 상자는 작아. 색깔이 노란색이네."

2. 아이와 상자로 무엇을 만들 수 있을지 이야기를 나눠봅니다.

   "이 상자로 무엇을 만들어볼까?"

   "이건 크기가 작아서 자동차를 만들 수 있겠다."

3. 무엇을 만들지 정한 다음, 상자를 어떻게 해야 원하는 것을 만들 수 있을지 이야기를 나눠봅니다.

   "집을 만들려면 어떻게 해야 할까?" "문과 창문이 있어야겠네."

4. 아이와 함께 상자로 집을 만들어봅니다. 가위로 자르거나 풀로 붙이는 등 상자를 활용해서 여러 가지 모양을 만들어봅니다.

   "여기 앞쪽에 대문이 있으면 좋겠다. 한번 잘라볼까?"

   "창문은 여기에 만들까? 어제 그 스티커 붙이면 예쁘겠다."

5. 상자로 집 만들기가 끝나면 다른 것을 만들어보거나 엄마 아빠가 만든 집과 비교해보는 등 다양한 활동으로 연계합니다.

   "아빠가 만든 집이 더 크네. 창문이 2개나 있어."

   "이번에는 작은 걸로 버스를 만들어볼까?"

- 이 시기 아이들은 일상 속 사물을 가지고 다양한 활동을 할 수 있습니다. 아이의 아이디어나 생각을 존중해서 페트병, 상자, 요구르트 병 등을 활용해 다양하게 만들어보도록 도와주세요.

- 이 시기 아이들은 스스로 만든 것을 자랑스러워하고 뿌듯해합니다. 아이가 만든 것을 눈에 잘 보이는 곳에 진열해두고 아이의 솜씨를 칭찬해주고 격려해주세요.

상상 놀이

'만약'이라는 가정에 대답할 수 있어요

"만약 지금 눈이 온다면
무엇을 제일 하고 싶어?"

언어 자극 Point

- **가정과 관련된 어휘** 만약 ~라면?, 어떻게?, 너라면 등

- **상상과 관련된 어휘** 생각해봐, 상상해봐, 이야기해봐 등

준비물) 없음

1. 아이와 함께하는 상황에서 지금 관찰할 수 있는 현상이나 느낌,
   감정 등을 엄마 아빠가 먼저 이야기해줍니다.
   "오늘 날씨 엄청 덥다!" "지금 물건을 다 샀어. 그런데 너무 무겁네?"

2. 이번에는 현재와 반대되는 상황을 이야기해보고, 아이가 그 이후
   의 일에 대해서 상상하게 유도합니다.

"겨울이면 날씨가 춥고 눈도 오겠다. 눈이 오면 어떨 것 같아?"

"누가 이것 좀 도와주면 좋겠다. 누가 와서 해주면 좋을지 생각해보자."

3. 엄마 아빠가 생각한 내용도 이야기해줍니다. 엄마 아빠가 상상한 내용은 아이의 상상을 더욱 풍성하게 해줍니다.

"눈이 많이 왔다면, 엄마는 눈을 뭉쳐서 오리 모양 눈사람을 만들 거야."

"만약 아빠에게 초능력이 있다면, 홍길동처럼 성큼성큼 걸어서 다섯 발자국 만에 집에 도착할 수 있어."

4. 아이에게 생각이 어떤지 다시 한번 이야기해보게 합니다. 그 이야기에 맞장구치면서 칭찬해줍니다.

"우아, 맞아. 어떻게 그렇게 신기한 생각을 했어?"

"대단하다. 그러면 정말 재미있겠다!"

> **Tip**
>
> • 말놀이를 할 때는 아이에게 질문을 던지기도 하지만, 엄마 아빠의 대답을 듣게 만드는 것도 필요합니다. 질문에 대한 대답을 많이 요구받다 보면 아이는 어른들로부터 확인당하는 느낌을 받기 때문입니다.
> • 아이의 상상을 칭찬해주는 과정이 꼭 필요합니다. 아이의 상상이 다소 유치하고 어이가 없더라도 그 기발한 생각을 응원하고 지지해주세요.

글자 찾기 놀이

한글과 친숙해질 수 있어요

"'사자' 글자를 이 책에서 찾아볼까?"

언어 자극 Point

- **글자 찾기 놀이를 할 때 사용하는 말** 똑같은 글자를 찾아보자, 어디 있지?, 여기에 있나?, 아까 봤는데 등

준비물) 단어 카드, 책

1. 아이에게 단어 카드를 하나하나 보여줍니다. 아이가 글자를 읽을 수 있고 그 뜻을 아는 단어면 충분합니다.

   "자, 이거 한번 읽어볼까? 맞아, 딸기야. 딸기가 뭐지?"

   "이건 사과. 이건 바나나. 이건 뭘까?"

2. 아이에게 단어 카드를 보여주면서 카드에 적힌 글자와 똑같은 글

자를 책에서도 찾아보게 합니다.

"사자, 맞아. 여기 책에서 '사자' 글자를 한번 찾아볼까?"

"책에 이 글자랑 똑같은 글자가 있대. 어디에 있을까?"

3. 아이가 글자를 잘 찾아내면 칭찬해주고, 책 속에 있는 글자를 읽게 해봅니다.

"맞아. 잘 찾았어. 이거 뭐라고 읽지? 다른 글자도 읽어볼 수 있겠어?"

"맞아. '자전거'가 여기 있었네."

4. 아이가 '사자', '호랑이'와 같은 통글자를 잘 찾아내면, 그다음에는 낱글자로도 찾아보게 합니다.

"그럼 사자의 '사'가 어디에 있는지 찾아볼까?"

"호랑이의 '이'는 책에서 어디에 있을까?"

5. 아이가 낱글자를 찾아내면 이번에는 해당 낱글자가 포함된 단어 전체를 읽어보게 합니다.

"아, 맞아. 여기 '사'가 있었네. 그럼 이 단어는 뭐지? 사다리."

"잘 찾았어. '이'가 들어간 이 단어를 읽을 수 있겠어? 어려우면 엄마가 한번 읽어볼게."

- 한글을 통글자 또는 1음절 단어로 결합하거나 또는 분리하면서 글자 찾기 놀이를 할 수 있습니다. 아이가 책과 단어 카드에서 글자를 찾는 활동을 하면서 한글과 친숙해지도록 도와주세요.

- 책에서 통글자를 잘 찾아내는 아이들은 1음절로 낱글자를 찾게 해봅니다. 통글자 찾기를 어려워하는 아이에게 어려운 읽기 과제를 주거나 음절 분리를 시키기란 쉽지 않습니다.

직업 놀이

어떤 직업이 무슨 일을 하는지 알아요
"경찰관은 무슨 일을 하지?"

언어 자극 Point

- **직업과 관련된 어휘** 의사, 간호사, 경찰관, 소방관, 선생님, 미용사 등

- **직업과 도구 및 장소를 연결하는 말** 병원−주사, 경찰서−도둑, 소방서−불,

  학교−칠판, 약국−약, 식당−음식 등

준비물) 경찰차, 소방차, 구급차 등 직업과 관련된 자동차 장난감

1. 아이에게 경찰차, 소방차, 구급차 등을 보여주고 경찰관, 소방관,

   의사 등과 관련된 이야기를 나눠봅니다.

   "어, 경찰차가 여기 있네. 경찰차에는 누가 타고 있을까?"

   "소방관은 어디로 가고 있을까?"

2. 이어서 그 직업이 하는 일에 대해 간단하게 이야기해줍니다.

   "경찰관은 나쁜 사람 잡으러 가네."

   "소방관은 불 끄러 가나 봐. 불이야, 불이야, 어서 비켜줘."

3. 이번에는 직업과 관련된 문제를 내봅니다. 직업과 관련된 인형이
   나 자동차 장난감이 있다면 좀 더 쉽게 힌트를 줄 수 있습니다.

   "이 사람은 병원에서 아픈 사람을 고쳐줘. 누굴까?"

   "우리에게 맛있는 음식을 만들어주는 사람은 누굴까?"

4. 아이의 경험과 연결해서 이야기를 이어가도 좋습니다.

   "어제 머리를 자르러 누구한테 갔었어?"

   "○○이는 유치원에 가면 누구를 만나서 인사해?"

5. 상황을 제시하거나 그 일에 적합하거나 필요한 사람을 찾아보자
   고 말해줘도 좋습니다.

   "지금 눈길에서 넘어져 다리를 다쳤어. 누구한테 가야 할까?"

   "저기 불이 났어. 시커먼 연기가 올라오네. 누구한테 말해야 해?"

- 이 시기의 아이들과는 직업과 그 직업에 필요한 도구, 그 직업과 관련된 장소에 대해 원활하게 이야기를 나눌 수 있습니다. 처음에는 아이에게 익숙하고 친숙한 직업에서 시작하다가 점차 주변에서 보기 어려운 직업(농부, 어부 등)으로 확장시켜나갈 수 있습니다.

배려와 협상이 가능해요

60개월 이후 발달 포인트

성장 과정 이야기 놀이 · 밀가루 반죽으로 글자 만들기 놀이

거꾸로 말하기 놀이 · 스무고개 놀이 · 깃발 놀이

장보기 놀이 · 마인드맵 놀이 · 요리 놀이 · 가방 챙기기 놀이

실감 나게 읽기 놀이 · 소리 내어 책 읽으며 틀린 부분 맞히기 놀이

가로세로 낱말 퍼즐 놀이 · 약도 그리기 놀이

일기 쓰기 놀이 · 다시 말하기 놀이

우리 아이, 이만큼 컸어요

이 시기 아이들은 주사위 게임 등 규칙이 있는 게임을 집중해서 할 수 있습니다. 요일을 이야기할 수 있으며 자신에 관한 기본 정보(생일, 주소, 전화번호)를 말할 수 있습니다. 만들기를 하기 전에 무엇을 만들지 계획을 세우는 일을 좋아하고 점토나 폐품 등 여러 재료를 활용해 입체 조형물을 만드는 활동을 즐깁니다. 모양이나 색깔 등을 가리키는 어휘의 대부분을 알고, 지시에 따라 여러 가지 활동을 복합적으로 수행할 수 있습니다. 가정, 학교나 사회, 친구, 대중 매체 등 새로운 어휘를 배우는 곳이 이전보다 다양해집니다. 아이들은 부모에게 배운 말 이외에도 다양한 말을 표현할 줄 압니다.

발달 포인트 ① 체육 활동에 적극적으로 참여한다

이 시기 아이들 중 운동 신경이 좋은 아이들은 자전거, 스케이트, 킥보드를 탈 수 있을 정도로 신체 기능이 발달합니다. 한 발로 뛰기, 계단에서 뛰어내리기, 엎드려서 미끄럼틀 타기 등 자신의 운동 기술을 다양하게 시험해볼 수 있습니다. 축구, 농구, 태권도 등의 활동에 참여하며 재미를 느끼는 아이들도 생깁니다. 그림 그리기, 따라 색칠하기, 종이접기, 붙이기 등 미술 활동에도 적극적으로 참여합니다.

이 시기 아이들에게는 여러 가지 활동을 할 기회를 주는 것이 필요합니다. 단순한 호기심보다는 원리를 파악하고자 하는 과학적 호기심이 생겨서 저울, 온도계 등으로 주변 사물들을 관찰하고 실험하기를 좋아합니다. 책이나 교재를 참고해서 액체를 섞거나 점토를 합쳐서 살펴보는 등 다양한 활동도 가능합니다. 아이의 흥미와 관심을 반영한 놀잇감이나 교육 교재를 활용해 실험이나 관찰에 집중하는 습관을 길러주면 아이의 호기심도 채워줄 수 있고 폭넓은 형태의 학습이 가능해집니다.

이 시기 아이들에게는 원하는 일이 뜻대로 되지 않을 때 화내거나 우는 대신 부모를 설득해서 자신이 원하는 것을 얻고자 하는 마음이 생기기도 합니다. 어떤 감정은 표현해도 되지만 어떤 감정은 표현하면 안 된다는 것을 알고 비슷한 감정들을 구분하고 조절하는 능력도 생깁니다. 그냥 노는 것보다 규칙을 정하고 노는 것을 더 재미있어합니다. 친구들과 놀기를 좋아하며 역할 놀이의 내용이 다채로워지고 다른 아이들과 함께 가지고 노는 놀잇감의 종류도 다양해집니다.

이 시기 아이들은 처음 보는 그림이어도 4개 이상의 그림을 이어 붙여서 순서대로 배열한 후 이야기를 만들어낼 수 있습니다. 선후 관계를 아는 것은 물론이고 이야기를 지어내고 다시 말할 수 있는 능력이 그만큼 성숙한 것입니다. 어떤 아이들은 글자가 없는 이야기책을 펴놓고 종알거리며 마치 글자가 적힌 책을 읽는 것처럼 다양한 이야기를 만들어내기도 합니다. 그리고 실제로 책에 쓰인 내용과는 상관없는 새로운 이야기를 만들어내기도 합니다.

발달 포인트 ⑤ 복잡한 대화가 가능하다

이 시기 아이들은 상황에 대해서 복잡한 묘사를 할 수 있고 문법적으로 완벽한 문장을 구사할 수 있습니다. 이야기를 논리적으로 전할 수 있고 유머 감각이 생겨서 우스갯소리를 꽤 잘합니다. 끝말잇기나 수수께끼 놀이 등 다양한 언어적 유희를 능숙하게 즐길 수 있습니다. 이 시기 아이들과 대화를 나누다 보면 '작은 어른'이 말하고 있는 듯한 느낌을 받을 정도로 세련된 의사소통 능력을 보여줍니다.

성장 과정 이야기 놀이

자신에 대해 관심이 많아져요

"우리 ○○이 돌 때 모습이네"

언어 자극 Point

- **성장 과정과 관련된 어휘** 탄생, 돌, 생일, 어린이집, 유치원 등
- **발달과 관련된 어휘** 누워 있어, 기어, 혼자서 앉아, 혼자서 걸어, 뛰어, 키가 컸어, 몸무게가 무거워졌어, 머리가 자랐어, 손가락이 길어졌어, 그림을 그려, 글을 읽어 등

준비물 성장 과정 사진

1. 아이가 어렸을 때부터 지금까지의 모습이 담긴 사진을 한 장씩 보여줍니다. 사진을 보면서 그때의 상황을 설명해줍니다.

   "와, 이건 우리 ○○이 태어났을 때 사진이다. 너무 작지? 엄마 팔 여기에서 여기까지 정도였어."

"혼자 앉아서 짝짜꿍하네. 신났었나 보다. 엄청 크게 웃네."

2. 아이에게 사진을 주고 순서대로 놓아보게 합니다. 바닥에 놓게 해도 좋고, 종이 위에 붙이거나 줄에 집게로 매달게 해도 좋습니다.
"제일 어릴 때부터 지금까지 순서대로 사진을 한번 놓아볼까?"
"제일 처음에는 누워 있었고, 그다음에는 어떤 사진이 와야 할까?"

3. 가지런히 놓인 사진을 보면서 순서대로 어떤 변화가 있었는지 이야기해봅니다.
"키가 점점 자랐네. 정말 작았는데 많이 컸어."
"옹알이로 말했는데 지금은 이렇게 엄마가 묻는 말에 대답도 잘하네."

4. 아이가 어릴 때 무엇을 좋아했고, 어떤 것을 할 때 즐거워했는지, 어떤 특별한 경험을 했었는지 등을 같이 이야기해봅니다.
"외가에 가서 놀 때 정말 재미있어했었어."
"그때 목욕 놀이하는 걸 엄청 좋아했는데, 지금이랑 똑같네?"

5. 놀이를 마무리할 때는 아이의 현재 모습을 칭찬해주고 꼭 껴안아주는 것이 가장 좋습니다.
"우리 ○○이 엄마가 제일 사랑한다!"
"지금까지 잘 커줘서 고마워. 앞으로도 건강하게 잘 크자."

Tip

- 태어났을 때부터 현재까지의 모습을 사진으로 살펴보면서 성장 과정을 함께 이야기하다 보면 아이는 돌, 생일 등과 같은 기념일의 개념도 알게 됩니다. 그리고 그동안 자신에게 어떤 일이 있었는지 그때의 경험과 느낌을 나눌 수 있습니다.

- 어린 시절의 모습은 아이에게 즐거운 이야깃거리입니다. 성장 사진을 보면서 아이가 느끼는 감정이나 아이가 경험했던 일을 존중해주고 칭찬해주세요.

밀가루 반죽으로 글자 만들기 놀이

한글의 자모음을 만들어요
"밀가루로 이름을 만들어보자"

언어 자극 Point

- **밀가루 반죽을 할 때 사용하는 말** 밀가루, 흰색, 부드러워, 뽀드득뽀드득 소리가 나네, 물을 넣어, 반죽해, 뭉쳐볼까?, 물렁물렁, 끈적끈적, 질다 등

- **글자 만들기를 할 때 사용하는 말** 글자를 만들자, 이름을 만들까?, '나비'(만들 글자) 만들어볼까?, 'ㄱ' 만들어보자 등

준비물 밀가루, 종이, 그릇, 물

1. 탁자나 바닥에 종이를 깔고 그 위에 그릇을 올려놓습니다. 그다음, 그릇 안에 밀가루를 넣습니다.

    "와, 여기 밀가루가 있어. 한번 만져볼래? 눈처럼 뽀드득거리네."

    "손가락으로 꾹꾹 눌러봐. 손이 들어가네? 손에 밀가루가 묻었어."

2. 그릇에 물을 붓고 밀가루를 뭉쳐서 반죽을 만들어봅니다. 글씨를 만들 수 있도록 질기를 적당히 조절하면서 아이와 함께 밀가루 반죽을 해봅니다.

"너무 질어서 글씨를 만들 수 없겠어. 밀가루를 더 넣어야 할 것 같아."

"물을 더 넣을까? 아직도 가루가 많네. 이 정도면 만들 수 있겠지?"

3. 밀가루 반죽으로 글자를 만들어봅니다. 엄마 아빠가 먼저 시범을 보여줘도 좋습니다.

"'엄마' 글자를 한번 만들어볼게. 'ㅇ'도 있어야겠고 'ㅁ'도 있어야겠네."

"이렇게 쭉 연결하니까 'ㅏ'가 됐네. 어때? 만들 수 있겠어?"

4. 지금 생각나는 글자를 만들거나 책 표지 또는 단어 카드를 보고 따라서 만들어보는 것도 좋습니다. 가급적 받침이 없는 간단한 형태의 글자가 좋습니다.

"여기 있는 글자를 한번 따라 만들어볼까? '나비'라고 쓰여 있네."

"어떤 글자를 만들어보고 싶어?"

5. 아이에게 자음과 모음을 따로 이야기해줘도 좋습니다.

"이렇게 하면 'ㄱ'이 되네." "기역, 니은, 디귿, 리을, 미음…"

6. 밀가루 반죽으로 한글의 자모음을 만들어 굳힌 후 글자 조합 놀이

를 해도 좋습니다.

"'ㄱ'에 'ㅏ'를 더하면 '가'가 되네."

"이렇게 글자를 만드니까 ○○이 이름이 됐네."

Tip

- 밀가루 반죽으로 글자 만들기 놀이를 충분히 하고 난 후에는 시중에서 판매하는 쿠키 믹스 등을 이용해 글자 쿠키를 만들어볼 수 있습니다. 직접 만든 글자 쿠키를 먹어보는 활동은 아이에게 즐겁고 재미있는 추억이 됩니다. 밀가루 반죽 대신 점토나 클레이 등을 활용해도 좋습니다.

- 밀가루 반죽으로 한글 자모음을 만든 다음, 각각의 자모음을 조합하거나 분리하는 활동을 할 수 있습니다. 이 시기 아이들이 하기에는 조금 어려운 활동이지만, 아이가 한글 자모음에 친숙해지도록 옆에서 조금만 도와주세요.

거꾸로 말하기 놀이

작업 기억 능력을 키워요
"1, 2, 4를 거꾸로 말하면?"

언어 자극 Point

- **숫자와 관련된 어휘** 1 2 3 4…, 하나 둘 셋 넷… 등

- **숫자 만들기 또는 거꾸로 말하기와 관련된 어휘** 1, 2, 3을 거꾸로 말해보자,
  1, 2를 거꾸로 하면? 등

준비물 숫자 카드

1. 아이에게 우선 숫자 세기 놀이를 제안합니다. 함께 노래를 부르면
   서 세어도 좋고, 손가락으로 꼽아가며 말해도 좋습니다.
   "1, 2, 3, 4…" "5, 4, 3, 2, 1…"

2. 이번에는 숫자를 바로 기억해서 말하기 놀이를 해보자고 제안합

니다. 이때 아이가 몇 자리까지 기억하고 따라 할 수 있는지 살펴
봅니다.

"자, 먼저 숫자 기억하기 놀이를 해볼까? 잘 들어봐. 1, 3, 5, 7, 9!"

"이번에는 3, 5, 6, 8."

3. 아이가 잘 따라 하면 드디어 숫자 거꾸로 말하기 놀이를 해보자고
   제안합니다. 처음에는 아주 쉽고 간단한 예를 알려줍니다. 연속된
   숫자 2~3자리가 거꾸로 말하기를 하기에 좀 더 쉽습니다.
   "숫자 거꾸로 말하기 놀이를 해볼 거야. 자, 1, 2를 거꾸로 하면?"
   "1, 3을 거꾸로 하면 어떤 숫자가 나올까? 맞아. 3, 1!"

4. 이제 숫자 거꾸로 말하기 놀이를 시작합니다. 숫자 거꾸로 말하기
   놀이에서는 아이의 수준에 상관없이 2자리부터, 연속된 숫자부터
   시작하는 것이 좋습니다.
   "자, 이제 시작해보자. 1, 2?" "자, 이번에는 1, 2, 3?"

5. 아이가 잘 수행해내는 범위 내에서 숫자를 자유롭게 배열하도록
   유도합니다.
   "1, 3, 5." "2, 3, 5, 1."

6. 책상 위에 손을 펼치고 숫자 카드를 손가락 위에 순서대로 올려줌

니다. 1, 3, 5라면 엄지손가락에 1, 집게손가락에 3, 가운뎃손가락
에 5를 올려서 순서를 알게 합니다.

"1, 3, 5를 거꾸로 하면 뭐지? 손가락을 한번 봐."

"손가락을 접었다가 펼쳐보면서 거꾸로 숫자 세기를 한번 해볼까?"

Tip

- 작업 기억은 기억 처리와 관련된 뇌의 인지 능력 중 하나입니다. 숫자를 바로 기억하기는 쉽지만, 거꾸로 외우기가 어려운 이유는 단순 기억을 넘어서서 한 번 더 기억하는 과정을 거쳐야 하기 때문입니다. 다양한 기억하기 놀이를 통해 아이의 작업 기억 능력을 키워줄 수 있습니다.

- 글자로도 거꾸로 말하기 놀이를 할 수 있습니다. 가령 "바, 다, 가'를 거꾸로 말해볼까?"라고 제시할 수 있습니다.

- 거꾸로 말하기 놀이를 할 때는 아이의 기억 능력보다 조금 쉬운 단계에서 시작합니다. 그래야 흥미를 가지고 놀이에 참여할 수 있습니다.

스무고개 놀이

생각한 것을 설명할 수 있어요
**"이건 집에서 키울 수 있고,
귀엽게 생겼어"**

언어 자극 Point

• **스무고개를 할 때 설명하는 말** 엄마가 말하는 거 맞혀봐, 엄마가 설명해볼게, 이게 뭘까?, 잘 생각해봐 등

준비물 없음

1. 아이에게 스무고개 놀이를 하자고 제안합니다. 먼저 아이한테 어떤 물건을 생각해보라고 합니다. 그다음, 그 물건의 이름을 종이에 써서 들고 있게 해도 좋습니다.

"어떤 것을 엄마가 맞혀야 할지 잘 생각해봐. 뭐든 좋아."

"여기 종이에 ○○이가 생각한 물건이 뭔지 써놔."

2. 아이가 생각한 물건을 맞힐 수 있도록 엄마 아빠가 다양한 질문을 던져서 대답하게 해봅니다. 혹시 어떤 물건인지 잊어버렸다면 써 놓은 내용을 보게 해도 괜찮습니다.

   엄마: "이건 집에 있을 만큼 커? 작아?" 아이: "집에는 둘 수 없어. 커."

   엄마: "어디 가면 볼 수 있어?" 아이: "동물원에서 볼 수 있어."

3. 20개 정도 힌트를 다 주고받았다면 답을 말해봅니다. 만약 틀렸다면 다시 질문을 던져봅니다.

   "아, 알겠다. 답은 ○야. 맞았어?"

   "틀렸어? 그럼 다시 물어볼게. 무슨 색깔이야?"

4. 이번에는 엄마 아빠가 내는 문제를 아이가 맞혀보게 합니다.

   엄마: "자, 이번에는 엄마가 문제 낼게. 이건 집에서 볼 수 있어."

   아이: "무슨 색이야? 우리 집에도 있어?"

   엄마: "우리 집에는 없는데 보통 흰색도 있고 검정도 있어."

5. 아이가 스무고개 질문을 어려워하면 어떤 것을 물어보면 좋은지 알려줍니다.

   "색깔을 물어봐도 좋고, 모양을 물어봐도 좋아."

   "어디에서 쓸 수 있는지 물어봐도 돼."

- 글씨를 써놓거나 물건을 보자기 안에 넣어두는 이유는 아이에게 자꾸 그 물건에 대해서 상기시켜주기 위함입니다. 아이가 임의로 중간에 답을 바꾸지 않도록 안내해주세요.

- 복잡한 어휘 활동일수록 부모의 모델링은 필수입니다. 엄마 아빠의 반응은 놀이에 대한 아이의 흥미와 재미를 불러일으킵니다.

깃발 놀이

복잡한 지시를 따를 수 있어요
"하얀 깃발 올리지 말고,
파란 깃발 올려"

언어 자극 Point

- **깃발의 모양이나 색깔과 관련된 어휘** 네모, 세모, 흰색, 파란색 등

- **깃발 놀이를 할 때 사용하는 말** 깃발 올려, 깃발 내려, 잘 들어, 천천히, 빠르게, 멈춰 등

준비물 깃발이나 나무젓가락에 색종이를 붙여 만든 것

1. 아이에게 깃발을 보여줍니다. 깃발이 없으면 나무젓가락에 색종이를 붙여서 사용해도 괜찮습니다. 아이와 함께 깃발의 모양과 색깔에 대해 이야기를 나눠봅니다.

   "빨간색 네모 깃발이네." "파란색 세모 모양이네. 깃발이 펄럭이네."

2. 아이에게 깃발 놀이를 하자고 제안합니다. 깃발을 양손에 각각 하나씩 들게 합니다.

"이제 깃발 놀이를 할 거야."

"'깃발 내려' 하면 내리고, '깃발 올려' 하면 올리는 거야."

3. 처음에는 천천히, 가볍게 동작 지시를 따르게 합니다.

"깃발 올려봐. 깃발 내려봐." "네모 깃발 내려봐."

4. 아이가 규칙을 이해하면 점차 복잡한 형태의 놀이로 유도합니다.

"빨간 깃발 올리고, 파란 깃발 내려." "네모 깃발 올리고, 세모 깃발 내려."

Tip

- 아이들은 깃발 놀이를 통해서 엄마 아빠의 언어적인 지시를 기억하고 과제를 수행하는 능력을 키웁니다. 아이가 색깔(빨강, 노랑 등), 모양(네모, 세모 등), 동사(올리다, 내리다, 멈추다 등)를 잘 기억해서 수행해내는지, 그리고 좀 더 복잡해도 해낼 수 있는지 살펴보세요.
- 아이들이 깃발 놀이 방법에 익숙해지면 지시를 더 길게 또는 더 빠르게할 수 있습니다.

장보기 놀이

계획을 세우고 실천해요

"우유 2개, 요구르트 2개, 사과 1개
이렇게 사 오자"

언어 자극 Point

- **장보기 목록을 정할 때 사용하는 말** 어떤 것을 사 올까?, 뭐가 있어야 해?, 어떤 것이 부족해?, 냉장고 열어봐, 뭐가 먹고 싶어?, 엄마는 ~필요해, 몇 개 필요해?, ~만들어야 해 등

- **장보기를 할 때 사용하는 말** 유제품 코너에서 치즈 사자, 과일 코너에서 복숭아 사자, 우유 2개 사자 등

준비물 종이나 수첩, 필기구

1. 아이에게 마트나 시장에 가자고 제안합니다. 어떤 물건을 살 것인지 함께 이야기를 나눠봅니다.

   "○○아, 엄마 지금 마트 갈 건데, 뭐 사야 할지 우리 같이 이야기해볼까?"

"뭐 먹고 싶어? 지금 뭐가 필요해?"

2. 아이가 원하는 것 또는 필요로 하는 것 위주로 장보기 목록을 정리합니다.

   "○○이는 스파게티를 만들어 먹고 싶구나."

   "떡볶이를 만들고 싶구나. 아, 우유도 필요해?"

3. 아이가 무엇인가를 만들어 먹고 싶어 한다면 그것을 만들기 위해서는 어떤 재료들이 있어야 하는지 이야기를 나눠봅니다.

   "떡국을 만들어 먹으려면 무엇이 있어야 할까?"

   "지금 냉장고에 달걀이 있는지 한번 살펴볼까?"

4. 아이와 함께 마트나 시장에서 사야 하는 물건의 이름을 종이나 수첩에 써봅니다.

   "그러면 떡, 달걀, 우유." "우유 2개, 요구르트 3개, 이렇게 살까?"

5. 아이가 사고자 하는 물건 목록을 정리하고 나면, 이번에는 엄마 아빠가 필요한 것에 대해서도 이야기를 나눠봅니다.

   "엄마는 세탁기를 돌려야 하는데, 뭐가 있어야 할까?"

   "머리를 감아야 하는데 그게 딱 떨어졌어. 뭐를 사 와야 해?"

6. 장보기 목록을 확인하고, 아이와 함께 마트나 시장에 갑니다. 물건을 찾아 장바구니에 담으면서 목록을 하나씩 지워나갑니다.

"아까 이야기했던 샴푸는 샀으니까, 이제 샴푸는 지우자."

"과일 코너에서 사야 할 게 뭐였더라. 수박이랑 사과를 사야겠네."

7. 계산하기 전에 장보기 목록을 살펴보고 빠진 물건이 없는지 다시 한번 확인합니다.

"다 샀나? 음, 우유가 빠졌네!"

"잊어버릴 뻔했네. 우리 잊지 말고 식빵 사 가자."

Tip

- 아이와 어떤 물건을 살지 계획을 세우고 실제로 물건을 사는 경험은 경제를 배우는 좋은 방법입니다. 아이와 마트나 시장에서 함께 물건을 골라보고, 그 물건이 어디에 진열되어 있는지 확인하는 활동도 도움이 됩니다.

마인드맵 놀이

사물의 특징을 기준에 따라 분류할 수 있어요
"봄을 여러 가지로 표현해보자"

언어 자극 Point

- **사물의 특징을 표현할 때 사용하는 말** 어디에서 쓰지?, 어디에서 봤지? 등

- **마인드맵 놀이를 할 때 사용하는 말** 연결해봐, 다음은 어떤 게 있을까?, 무엇으로 연결될까?, 3가지만 연결해보자 등

준비물 종이, 필기구

1. 아이와 함께 종이 중앙에 적당한 크기의 동그라미를 그립니다. 그 다음, 동그라미 안에 이야기를 나눌 단어를 써봅니다.

"우리 이번에는 계절에 대해서 이야기해볼까?"

"'여름휴가' 하면 생각나는 단어에는 뭐가 있을까?"

2. 아이가 여러 가지로 생각나는 것을 자유롭게 이야기할 수 있도록 유도합니다. 한글을 쓸 수 있다면 단어나 간단한 문장으로 생각한 바를 써보게 합니다. 쓰기 어려워한다면 엄마 아빠가 대신 써줘도 됩니다. 브레인스토밍 단계에서는 마인드맵의 가지에 굳이 단어를 쓰지 않아도 괜찮습니다.

"아, 맞아. 봄, 여름, 가을, 겨울이 있지?"

"여름휴가라면 비행기를 타고 이런 곳에 가야지. 바다, 산…"

3. 아이와 함께 이야기하고 싶은 주제를 정리해서 마인드맵으로 만들어봅니다.

"이제 동그라미 옆에 가지를 그려서 생각난 단어를 한번 써볼까?"

"음, 맞아. 겨울이니까 '춥다'라는 단어를 먼저 써도 좋겠다."

4. 아이가 마인드맵 놀이를 재미있어한다면 동그라미 주변으로 가지를 더 만들어줍니다. 관련 어휘가 확장되는 만큼 개념을 다양하게 연결시킬 수 있습니다. 아이가 마인드맵 놀이를 어려워하거나 동그라미 안을 적절한 단어로 잘 채우지 못하면 5~6개 정도로만 정리해도 좋습니다.

"와, '나무'라는 단어를 다른 단어로 연결해서 정리했네."

"'계절'이라는 단어가 이렇게 다양하게 연결되는구나."

5. 아이와 함께 완성한 마인드맵을 보면서 문장 만들어보기 활동을 해봅니다. 이때 동그라미 속 단어를 하나씩 짚어가면서 문장을 만들어봅니다. 쓰기가 가능하다면 문장을 써보게 해도 좋습니다.

"봄은 따뜻해서 나비가 날아다닌다. 봄에 대한 좋은 생각이 문장이 됐네."

"나무는 푸르고 높다."

Tip

- 마인드맵 놀이는 어휘를 확장시켜주고 문장 연결 능력을 키워주는 데 도움이 됩니다. 아이가 아는 어휘가 확장되기를 원한다면 한 단어나 문장을 중심으로 다양한 생각을 연결해봅니다.
- 아이가 어떤 주제로 글을 쓰거나 생각을 정리하는 활동을 어려워할 때 마인드맵을 활용하면 생각을 좀 더 풍부하게 만들 수 있습니다.

요리 놀이

일의 순서를 알고 정해진 역할을 수행해요

**"첫 번째, 빵 위에 잼을 발라요.
두 번째, 치즈를 올려요. 세 번째…"**

언어 자극 Point

- **요리 놀이와 관련된 어휘** 밀가루, 파, 양파, 기름(재료), 반죽해, 넣어, 끓여, 저어(활동) 등

- **순서와 관련된 어휘** 첫 번째는 ○를 해, 두 번째는 □를 해 등

준비물 샌드위치 레시피, 식빵, 잼, 치즈

1. 아이와 함께 어떤 요리를 만들지 이야기를 나눠봅니다. 만들기 쉽고 맛있는 요리로 정하는 것이 좋습니다.

   "오늘은 샌드위치를 만들어보자." "○○이가 좋아하는 샌드위치 어때?"

2. 만들고자 하는 요리의 재료를 생각해봅니다. 그다음, 아이가 추측할

수 있다면 요리를 만드는 과정도 생각해봅니다.

"샌드위치를 만들려면 뭐가 있어야 할까?"

"어떤 재료가 필요할까? 어떻게 만들면 좋을까?"

3. 인터넷을 검색해보거나 미리 레시피를 정리해둔 종이를 출력해서 요리 과정을 알려줍니다. 아이에게 무엇을 해야 하는지 순서대로 이야기해줍니다.

"자, 처음에는 무엇을 해야 할까? 식빵에 잼을 발라야 하는구나."

"두 번째로는 치즈를 올려볼까?"

4. 요리 과정을 살펴본 다음, 아이에게 요리 과정을 이야기해보게 합니다. 조금 어색하거나 순서가 틀려도 괜찮습니다.

"○○이가 샌드위치 만드는 순서를 이야기해볼까? 어떻게 해야 하지?"

"맞아. 치즈를 올린 후에는 무엇을 해야 하지?"

5. 실제로 요리를 해봅니다. 순서가 잘못되었다면 틀린 부분을 수정 해주면서 아이가 순서대로 요리할 수 있도록 도와줍니다.

"이제 같이 샌드위치를 만들어보자." "치즈 위에는 무엇을 올려볼까?"

6. 완성된 요리를 맛있게 나눠 먹습니다. 요리 사진과 실제로 만든 요리를 비교해봐도 좋습니다.

"이 샌드위치에는 치즈가 없는데, 우리는 치즈를 넣었네."

"우리 거에는 토마토가 빠졌네. 그래도 맛있지?"

Tip

- 아이와 함께 요리를 만들면서 과정을 살펴보고 순서를 따르는 활동은 단순히 요리하는 활동에 그치지 않습니다. 아이는 요리를 순서대로 해내면서 모든 일에는 차례가 있음을 배우게 됩니다.

- 아이가 요리의 순서를 기억하고 그것을 다시 말해보는 것은 매우 좋은 언어 활동입니다. 아이는 자신이 아는 정보를 다시 입으로 반복해서 말해봄으로써 더욱 정확한 정보를 습득하고 자신의 것으로 내재화할 수 있습니다.

가방 챙기기 놀이

준비물을 챙길 수 있어요

**"내일은 부산으로 여행을 갈 거야.
무엇을 챙기면 좋을까?"**

[언어 자극 Point]

- **가방 챙기기 놀이를 할 때 사용하는 말** 뭐가 필요해?, 어떤 것을 가져가는 게 좋을까?, 우리 3일 있을 거야, ○가 □개 필요할까?, 수영장에 갈 건데 뭐가 있어야 해?, 한번 챙겨보자 등

- **필요한 것을 선택할 때 사용하는 말** 꼭 필요한 것 5가지 챙겨가자, 너무 커서 가져갈 수 없어 등

[준비물] 가방, 여러 가지 물건

1. 아이에게 여행 준비물을 함께 챙겨보자고 제안합니다. 어디로 여행을 가는지, 누구와 가는지, 무엇을 할 것인지, 며칠 동안 묵을 것인지 등에 대해서도 미리 이야기해줍니다.

"우리 내일 부산 갈 건데 같이 짐을 싸보자."

"3일 동안 있다가 올 건데, 어떤 것을 챙겨가면 좋을까?"

2. 아이와 함께 어떤 장소에서 무엇이 필요한지 이야기를 나눠봅니다.

"수영장에 가려면 무엇이 필요할까?"

"밤에 잠을 자야 하니까 잠옷도 있어야겠네. 양치질할 수 있는 치약과 칫솔도 챙겨가자. ○○이는 어떤 잠옷 가져가고 싶어?"

3. 여행지에서 며칠 동안 머무르는지 알려주고, 물건을 몇 개씩 챙겨야 하는지도 이야기를 나눠봅니다.

"3일 동안 있어야 하니까 ○○이 양말이 몇 개나 필요할까?"

"아빠 거랑 엄마 거랑 몇 개 더 있어야 하니?"

4. 아이의 짐을 넣을 수 있는 가방이나 칸을 별도로 정해주고, 몇 개를 가져갈 수 있는지 말해줍니다.

"○○이는 책을 3권 정도 가지고 갈 수 있어."

"이 가방보다 큰 것은 넣어갈 수 없어."

5. 아이에게 꼭 가져가고 싶은 물건을 고르게 합니다. 그 물건을 왜 가져가고 싶은지, 여러 물건들 중에서 그 물건을 꼭 가져가야 하는 이유는 무엇인지도 설명하게 합니다.

"○○이가 가져가고 싶은 거 골라봐. 뭐가 좋을 것 같아?"

"마음에 드는 게 뭔지 한번 이야기해봐. 이거는 왜 가져가고 싶어?"

> **Tip**
>
> - 이 시기 아이들은 자기 일에 대한 계획을 세우고 범주를 정할 수 있습니다. 따라서 아이와 함께 가방 챙기기 놀이를 하면서 어떤 것을 가져가면 좋을지 계획을 세워보는 활동은 좋은 경험이 됩니다.
> - 물건을 가져가야 하는 이유를 설명하게 하는 활동은 아이에게 나름의 근거를 가지고 상대방을 논리적으로 설득하는 방법을 알려줍니다. 무조건 허락과 금지를 하기보다는 아이가 자신의 선택을 논리적인 근거를 들어 이야기할 수 있도록 도와주세요.

실감 나게 읽기 놀이

감정을 이입해서 읽어요
"주인공 마음이 어땠을까?
상상해서 읽어봐"

언어 자극 Point

- **책 읽기를 할 때 사용하는 말** 같이 읽자, 내가 할게, 너는 ~해, 만약 네가 주인공이라면 어떻게 말해야 할까?, 화가 나면 어떻게 말해야 해? 등

- **감정과 관련된 어휘** 무서워, 기뻐, 슬퍼, 서운해, 두려워, 감사해 등

준비물) 책

1. 아이에게 책을 보여줍니다. 그다음, 한 문장씩 주고받으며 책을 읽어보자고 제안합니다.

"우리 이 책, 왔다 갔다 하면서 같이 읽어볼까?"

"이렇게 된 부분을 '따옴표'라고 하는데, 이게 말하는 부분이거든. 이런 부분이 나오면 진짜처럼 읽어보자."

2. 책을 읽을 때, 따옴표 안의 문장들은 감정을 실어서 읽어봅니다.

"이제 감정을 담아서 읽어보자."

"주인공 마음이 어땠을까? 상상해서 읽어봐."

3. 아이가 등장인물의 감정을 잘 이해하지 못하거나 감정을 단어로 표현하지 못한다면 엄마 아빠가 먼저 모델링을 해줍니다. 만일 그림책이라면 그림 속 등장인물의 표정을 다시 한번 살펴보게 하는 것도 좋습니다.

"내가 한번 해볼게. 이렇게 해보면 어떨까?"

"여기 그림에서 주인공 얼굴을 봐. 찡그리고 있지?"

4. 계속해서 등장인물의 감정을 잘 이해하지 못한다면 아이가 과거에 경험했던 비슷한 일을 떠올리게 해줍니다.

"동생이 얼마 전에 ○○이 인형 가져가서 놀았잖아. 그때 기분이 어땠어?"

"아빠가 맛있는 거 사 가지고 왔을 때 ○○이는 어떤 마음이 들었어? 그때의 마음이랑 지금 책 속의 주인공 마음이 똑같을 것 같아."

5. 엄마 아빠가 화가 날 때나 기분이 좋을 때의 억양이 어떻게 다른지 아이가 비교할 수 있도록 따옴표 안의 문장을 실감 나게 읽어줍니다. 그다음, 억양에 따라 등장인물의 감정은 각각 어떠한지에 대해서 이야기를 나눠봅니다.

"이렇게 말하는 것을 보면 주인공이 엄청 슬픈가 봐. 이런 감정을 '슬프다'라고 해."

"자기가 잘못한 것도 아닌데 오해를 받아서 정말 억울하겠지?"

Tip

- 이 시기 아이들은 감정 어휘의 사용이 좀 더 자유로워지고 공감 능력도 발달해서 다른 사람의 감정에 잘 이입합니다. 따라서 평소에 엄마 아빠가 다양한 감정 어휘를 사용하는 것이 중요합니다.

- 감정 어휘를 많이 알고 있는 것도 어휘 능력 중 하나입니다. 다양한 감정 어휘를 알려줘서 아이의 어휘력을 키워주세요.

소리 내어 책 읽으며 틀린 부분 맞히기 놀이

듣고 읽기를 동시에 해요
"엄마가 어디에서 틀리는지 맞혀봐"

언어 자극 Point

• **소리 내어 책을 읽을 때 사용하는 말** 소리 내어 읽어볼까?, 틀린 부분 찾아

봐, 틀린 부분부터 읽어봐, 어디에서 틀릴까?, 엄마가 읽을 때 잘 들어봐, 잘

들어야 찾을 수 있어 등

준비물) 책

1. 아이에게 책을 소리 내어 읽어보자고 제안합니다. 엄마 아빠가 어

디에서 틀리게 읽는지 잘 듣고 그 부분부터 가로채서 읽어보라고

설명해줍니다. 아이가 틀리게 읽으면 엄마 아빠가 그 부분부터 가

로채서 읽는 것이라고 알려줍니다.

"우리 소리 내어 책 읽기를 해보자. 뽀로로한테 읽어주자."

"엄마가 읽다가 틀리면 거기부터 우리 ○○이가 읽어줘. ○○이가 틀리면 엄마가 다시 가로채서 읽을 거야."

2. 처음에는 엄마 아빠가 먼저 책을 소리 내어 읽기 시작합니다. 엄마 아빠가 책을 읽다가 틀렸을 때 어디부터 가로채서 읽어야 하는지를 아이가 잘 파악하고 있는지도 확인해봅니다. 아이가 엄마 아빠가 틀리게 읽은 부분을 빨리 찾아서 가로채어 읽기 시작하면 칭찬해주고 격려해줍니다.

"○○아, 엄마가 틀린 부분 들었어? 어디에서 틀렸어?"

"와, 엄마가 아쉽게 틀렸네. 이런 실수를 하다니. 그런데 엄마가 여기 틀린 걸 어떻게 찾았어? 정말 대단하다!"

3. 아이가 책을 소리 내어 읽기 시작하면 이번에는 엄마 아빠가 잘 듣고 있다가 아이가 틀린 부분부터 가로채어 다시 읽기 시작합니다.

"아하, 찾았다! 이제 아빠가 읽을게."

"이번에 ○○이가 틀렸네. 다시 엄마 차례다."

4. 소리 내어 책 읽기를 마치고 나면 책을 번갈아 읽은 기분이나 느낌에 대해서 이야기를 나눠봅니다.

"엄마가 2번, ○○이가 3번 가로챘어. 엄마가 더 많이 틀렸네?"

"아빠가 틀린 부분을 가로채서 읽으니 기분이 어땠어?"

- 소리 내어 책 읽기는 매우 좋은 활동이지만 아이들이 싫어하는 활동이기도 합니다. 이때 "인형이나 동생에게 책을 읽어주자"라고 제안하면 책 읽기를 싫어하던 아이들도 호기심을 느낄 수 있습니다.

- 틀린 부분부터 가로채서 읽는 활동은 책 속의 글자를 눈으로 따라가면서 엄마 아빠가 읽는 부분도 잘 들어야 하기 때문에 듣기와 읽기가 동시에 이뤄져야 가능합니다.

- 듣는 독서와 읽는 독서가 동시에 이뤄진다는 면에서 소리 내어 읽기는 좋은 활동입니다. 하지만 한 페이지씩 번갈아가며 읽는 등 범위를 정해놓고 읽으면 아이는 엄마 아빠가 읽는 동안에는 읽지 않거나 엄마 아빠가 책을 읽는 소리를 듣지 않을 확률이 높습니다. 따라서 아이와 소리 내어 책 읽기를 할 때는 듣기에 집중할 수 있도록 환경을 조성해주세요.

가로세로 낱말 퍼즐 놀이

단어에 대한 지식이 다양해져요

"이 설명이 뜻하는 단어가 뭘까?"

언어 자극 Point

• **가로세로 낱말 퍼즐 놀이와 관련된 어휘** 가로, 세로, 빈칸, ~글자(글자 수), 첫
  글자가 ○네, 마지막 글자가 □네, ~한 것은 무엇일까? 등

준비물) 가로세로 낱말 퍼즐

1. 아이에게 가로세로 낱말 퍼즐을 보여줍니다. 이 놀이를 처음 접하
   는 아이라면 방법을 설명해주고, 여러 번 해본 아이라면 어떻게
   하는 놀이인지 그 방법을 엄마 아빠에게 설명해보게 합니다.
   "옆으로 가는 건 '가로'라고 하고, 위아래로 가는 건 '세로'라고 해. 가로
   1번 문제는 여기에 답을 쓰면 되는 거야. 세로 1번은 그렇지, 여기에 답을
   쓰는 거야."

"전에 한번 해봤지? 어떻게 했는지 잘 기억이 안 나는데 엄마한테 방법 좀 알려줄래?"

2. 가로세로 낱말 퍼즐 풀이를 시작합니다. 아이가 뜻을 모르는 단어는 건너뛰기도 하고, 헷갈리는 단어는 첫 글자나 중간 글자의 힌트를 알려줍니다.

"자, 1번 문제! 가로 1번이니까 이렇게 옆으로 가는 거네. 3칸인 거 보니까 3글자야. 문제를 한번 읽어보자."

"이 문제를 보니까 중간에 '나'가 들어가네. 이거 기억하고 문제 한번 다시 읽어볼까?"

3. 문제를 풀면서 아이가 잘 모르겠다고 말했거나 어려워했던 단어는 따로 기록해둡니다.

"이번 가로세로 낱말 퍼즐에서는 이 단어가 어려웠구나. 다시 한번 잘 기억해두자."

"그래도 이번에는 단어 2개만 잘 기억하면 되겠다. 정말 잘했어!"

4. 다음번에 가로세로 낱말 퍼즐이나 어휘 게임을 할 때, 이전에 틀리거나 어려워했던 단어를 다시 활용해봅니다.

"다음에 우리 한 번 더 해보자." "이 단어랑 다음에 다시 물어볼게."

- 가로세로 낱말 퍼즐 놀이는 엄마 아빠가 직접 만들어도 되고, 시중에서 판매하는 책 중에 아이의 수준에 맞는 것을 골라 사용해도 좋습니다. 엄마 아빠가 직접 가로세로 낱말 퍼즐을 만든다면 아이가 어려워하는 단어와 알고 있는 쉬운 단어를 적절하게 섞습니다. 맞혀야 하는 단어의 개수는 많지 않은 것이 좋습니다.

- 이 시기 아이들에게는 '가로', '세로'라는 단어가 어려울 수 있습니다. 문제를 말로 설명해주면 퍼즐을 잘 풀 수 있지만, 글로 읽으면 다소 어렵게 느끼기도 합니다. 아이가 가로세로 낱말 퍼즐 놀이에 흥미를 잃지 않도록 엄마 아빠가 옆에서 응원해주고 칭찬도 많이 해주세요.

약도 그리기 놀이

위치나 장소를 요약할 수 있어요

"놀이터 앞에서 길을 건너면 뭐가 있지?"

언어 자극 Point

- **약도 그리기 놀이와 관련된 어휘** 약도를 그려보자, 우리 집 앞, 길, 횡단보도, 육교, 신호등 등

- **장소 및 기관과 관련된 어휘** 학교, 빵집, 문구점, 경찰서, 소방서, 커피숍, 음식점, 미용실, 학원 등

준비물 종이, 필기구, 건물 모양 스티커

1. 아이에게 종이에 유치원에서 집까지 가는 길을 그려보자고 제안합니다.

   "○○아, 우리 약도를 그려볼까? 이 약도를 보고 집까지 찾아가는 거야."

   "우리 동네 약도를 그려보자."

2. 아이와 함께 집 주변의 장소들을 먼저 나열해봅니다. 집을 중심으로 생각나는 가게나 건물 등에 대해 이야기를 나눠봅니다.

"우리 집 앞에 뭐가 있는지 생각나?"

"버스 정류장 근처에 어떤 게 있었더라? 어제도 지나왔는데?"

3. 집을 중심으로 간략하게 도로를 그려줍니다. 그다음, 아이가 말한 가게나 건물의 위치에 대해 이야기를 나눠봅니다.

"집 앞 횡단보도를 건너면 뭐가 있었어?"

"우리 ○○이가 자주 가는 미용실은 어디에 있었어?"

4. 앞에서 이야기한 내용을 바탕으로 그림을 그리거나 건물 모양 스티커를 붙이면서 집을 중심으로 다양한 장소들을 차근차근 표시해봅니다.

"과일 가게 옆에는… 맞아, 경찰서가 있지."

"빵집 앞에는 버스 정류장이 있지. 빵집 옆에는…"

5. 아이와 집 주변의 여러 건물이나 장소들이 무엇을 하는 곳인지에 대해 이야기를 나눠봅니다.

"우리 집 앞에 있는 소방서는 무엇을 하는 곳이지?"

"문구점에서는 무엇을 팔아?"

6. 아이와 함께 완성한 약도를 들고 밖으로 나가봅니다. 빠진 장소가 있으면 새로 그려 넣기도 하고, 생각한 것과 위치가 맞는지도 비교해봅니다.

"와, 여기 태권도 학원이 있었네. 편의점이랑 미용실 사이에."

"어, 과일 가게 옆에 슈퍼마켓이 바로 붙어 있는 줄 알았는데, 사실은 조금 떨어져 있네."

Tip

- 아이들은 약도 그리기 놀이를 하면서 자신이 사는 곳과 주요 장소에 대해 관심을 갖게 됩니다. 주변에 있는 기관이나 시설이 어떤 일을 하는지도 설명할 수 있습니다. 우리 집을 중심으로 약도 그리기 놀이를 하면서 아이들은 자신이 머릿속으로 알고 있는 내용을 구체적으로 표현할 수 있습니다.

일기 쓰기 놀이

자신의 경험을 간단하게 쓸 수 있어요
"오늘 있었던 일을 글로 써볼까?"

언어 자극 Point

- **경험 나누기 활동과 관련된 어휘** 아침, 점심, 저녁(시간), 누가, 언제, 어디서, 무엇을, 어떻게, 왜(의문사), 기분이 어땠어?, 엄마도 그랬어(감정 표현) 등

- **일기 쓰기 활동을 할 때 사용하는 말** 써보자, 그림 그려보자, 뭐가 제일 기억 나?, 어떤 일이 있었지?, 재미있었던 일이 뭐야?, 어떤 게 제일 좋았어? 등

준비물 일기장, 필기구

1. 저녁에 아이와 함께 오늘 있었던 일에 대해서 이야기를 나눠봅니다. 일과를 아침부터 쭉 이야기하기보다는 특히 기억나는 일 위주로 이야기하는 것이 좋습니다.

"오늘 했던 것 중에 재미있는 일 있었어? 그 이야기를 한번 해보자."

"아까 시장에 가서 본 것 중에 뭐가 제일 기억나?"

2. 유독 아이가 신나서 이야기하는 부분을 잘 들어주면서 맞장구를
   쳐줍니다. 그러고 나서 엄마 아빠가 기억하고 있는 내용도 함께
   들려줍니다.
   "오늘 수산 시장에서 넓적한 물고기를 보고 웃었던 생각이 나네."
   "아까 줄에 걸려서 넘어질 뻔했는데 아빠가 잡아줬잖아."

3. 오늘 있었던 일을 찍어둔 사진이 있으면 함께 보면서 이야기를 좀
   더 구체화하는 것도 좋습니다. 사진을 출력해서 일기장이나 종이
   에 붙이고 이야기를 나누는 활동을 꾸준히 하면 아이만의 경험 활
   동책이 만들어집니다.
   "사진 보니까 물에서 노는 것을 이렇게 좋아하는구나. 아까 코너 돌 때
   물에 빠질 뻔했는데."
   "바닷가 모래사장 위에서 글씨도 쓰고 그림도 그렸네!"

4. 아이와 구체적인 경험을 나누고, 그것을 바탕으로 당시에 느꼈던
   감정에 대해서도 이야기를 나눠봅니다.
   "아까 그 일이 있었을 때 네 기분은 어땠어?"
   "이런 일이 한 번 더 있었으면 좋겠어? 아니면 없었으면 좋겠어?"

5. 앞에서 한 활동을 바탕으로 아이에게 일기를 써보게 합니다. 아직 글씨 쓰기를 어려워하거나 서투르다면, 그림일기를 써도 좋습니다.

   "오늘 있었던 일을 그림으로 한번 그려볼까? 어떤 장면으로 그려볼까?"

   "일기를 쓸 때 어떤 이야기를 위주로 쓰면 좋을까?"

Tip

- 아이들에게 일기를 쓰라고 시켜놓기만 해서는 안 됩니다. 이 시기 아이들은 자신이 경험한 것을 구체화시키거나 정리하는 능력이 부족합니다. 따라서 엄마 아빠와 함께 브레인스토밍을 하면서 이야기를 나누고 그 이야기를 바탕으로 하루 중 가장 기억나는 일을 정리해서 쓰거나 그림으로 그리게 해야 합니다.

다시 말하기 놀이

글을 통해서 이야기의 흐름을 이해해요
**"엄마한테 지금 네가 읽은 책 이야기
다시 들려줄래?"**

언어 자극 Point

- **다시 말하기 놀이를 할 때 사용하는 말** 지금 읽은 책 이야기 들려줄래?, 지금 본 영화 줄거리 말해줘, 그 부분 다시 한번 이야기해줄래?, 잘 이해가 안 되는데 한 번 더 말해줄래? 등

준비물) 없음

1. 아이가 좋아하는 책이나 영화에 대해서 감상을 물어봅니다. 또는 금방 봤거나 기억에 생생한 이야기 중에서 화제를 골라도 좋습니다.
   "지금 네가 본 책, 그 책 어땠어? 표정 보니까 재미있었던 것 같은데?"
   "오늘 본 영화 재미있었어?"

2. 아이가 엄마 아빠의 질문에 흥미를 보이고 즐거워하면 그 책이나 영화에 대해서 더 이야기해달라고 요청합니다.

"엄마한테 그 책 내용 좀 이야기해줄래? 아직 엄마는 안 읽었거든."

"어떤 이야기인지 궁금하다. 아빠한테 한번 들려줘."

3. 아이가 이야기를 시작하면 즐겁게 반응하면서 귀를 기울여 들어줍니다. 엄마 아빠의 적극적인 반응은 아이가 더욱 신나게 이야기하도록 유도합니다.

"아, 그랬구나. 진짜 신기하다!"

"와, 정말 재미있네! 그래서 그다음엔 어떻게 됐어?"

4. 아이가 줄거리를 이야기한다면 가장 좋았거나 감명 깊었던 장면 또한 이야기해보도록 유도합니다.

"어떤 부분이 가장 기억나? 감명 깊었던 장면은 뭐야?"

"뭐가 제일 좋았어? 그 부분 좀 이야기해줄래?"

5. 아이가 좋아하는 장면이나 상황을 이야기하면 귀를 기울여 들어줍니다. 장면에 대한 설명은 훨씬 더 구체적인 문장으로 이어지기도 합니다.

"와, 그런 일이 있었구나. 정말 심장이 두근두근했겠네!"

"그 부분을 엄마 아빠가 봤어도 정말 좋아했을 것 같아."

6. 책이나 영화를 다 보고 난 다음에는 어떤 기분이었는지, 같은 작가나 감독의 다른 작품에도 관심이 있는지 등을 물어보고 다음번 독서나 영화 감상 활동과 연계해줍니다.

"이 이야기 어땠어? 이 작가가 쓴 책이 재미있으면 다른 책도 보여줄까?"

"이 영화가 원래 원작이 소설이야. 소설도 한번 읽어보면 어때?"

Tip

- 아이가 이야기하는 책이나 영화를 엄마 아빠가 이미 봤다면 다시 말하기 놀이를 하기에 더욱 좋습니다. 아이가 놓친 부분을 엄마 아빠가 다시 채워줄 수도 있고, 더욱 즐겁게 아이의 이야기를 받아줄 수도 있기 때문입니다. 하지만 엄마 아빠가 이미 본 책이나 영화라고 해도 안 읽었거나 못 본 척하면서 호기심 어린 표정이나 몸짓을 보여야 아이의 말하기를 적극적으로 유도할 수 있습니다.

- 책이나 영화의 이야기 흐름에 관심을 가지는 아이라면 다른 책이나 영화를 소개해주고 이후의 독서나 영화 감상과 연계해보는 것도 좋습니다. 또는 느낌이나 감상이 구체적이어서 충분히 책이나 영화의 내용을 이해한 것 같다면 다양한 독후 활동과 연계해보는 것도 좋은 방법입니다.

하루 5분 언어 자극 놀이 120

초판 1쇄 발행 2022년 11월 28일
초판 6쇄 발행 2024년 12월 31일

지은이 장재진
그린이 임소희
펴낸이 민혜영
펴낸곳 (주)카시오페아 출판사
주소 서울특별시 마포구 월드컵로14길 56, 3~5층
전화 02-303-5580 | **팩스** 02-2179-8768
홈페이지 www.cassiopeiabook.com | **전자우편** editor@cassiopeiabook.com
출판등록 2012년 12월 27일 제2014-000277호

ⓒ장재진, 2022
ISBN 979-11-6827-082-4   13590